우주론 입문

-탄생에서 미래로-

사토 가쓰히코 지음 | 김효진 옮김

목차

일러두기

1. 이 책은 국립국어원 외래어 표기법에 따라 일본어를 표기하였다.

2. 중요한 인명, 지명은 용어 옆에 한자를 병기하였다.
    *인명
     예) 유카와 히데키湯川秀樹, 난부 요이치로南部陽一郎
    *지명
     예) 기후岐阜, 가미오카神岡

3. 본문 중에 표기된 괄호 안의 설명은 모두 저자의 주석이다.
    *용어
     예) 탈출속도(지구의 중력을 이기는 속도)
        은하의 거대 장벽(그레이트 월)

4. 서적 제목은 겹낫표(『』)로 표시하였으며, 그 외 강조, 인용 등은 따옴표를 사용하였다.
    *서적 제목
     예) 『은하의 세계』, 『최초의 3분』

프롤로그
빅 크런치 탈출

처녀자리 은하단 M87로 향하던 우주 생명체 KATSUAN999는 문득 자신이 태양 근처를 날고 있다는 사실을 깨달았다. 물론 지금은 과거의 빛을 잃은 흑색 왜성이 되어, 지극히 미약한 중력의 근원으로 겨우 인지할 수 있을 정도에 불과한 존재이지만.

빅뱅력 1999억 년, 적색거성이 된 태양이 지구를 삼켜버린 지도 벌써 1820억 년이 지났다. 당시에는 칠흑 같은 우주에 헤아릴 수 없이 많은 별들이 빛나고 있었다. 지금의 우주는 암흑이 아닌 검붉은 빛으로 뒤덮여 있다. 섬뜩하리만치 붉은 빛을 뿜어내는 우주를 바라보던 KATSUAN999는 과거 자신이 지구 생명체였던 시절의 기억을 떠올렸다.

그렇다. 온 우주를 뒤덮은 이 붉은 빛은, 탄소 생명체인 포유류 인간科 인류로 태어나 고작 수년이 흘렀을 무렵 체험한 어느 가을날의 저녁노을 색이었다. 단풍이 물든 산에 둘러싸인 시골길을 엄마 손을 잡고 걸으며 집으로 향하던 행복한 순간이었다. 어떤 기상 조건이 그렇게 만들었는지는 모르지만, 점점 어두워지던 하늘이 새빨간 노을빛에 물들며 엄마의 얼굴까지 붉게 빛났다. 달콤한 감상에 젖어들었지만, 벌써 1862억 년 전의 일이다.

KATSUAN999가 인류로 생존하던 빅뱅력 137억 년 무렵, 우주는 아직 젊고 팽창하고 있었다. 빅뱅이라는 작은 불덩이로부터 시작된 우주가 팽창하면서 온도가 내려가고 마침내 절대온도 3도에 이르게 된 극저온의 시대였다.

그 덕분에 지구에서 발생한 엔트로피를 우주공간에 마음껏 버릴 수 있었다. 또 지구상에 탄소 생명체가 형성되었듯 우주에서도 풍부한 구조가 잇따라 만들어지던 시대였다.

현재 우주는 팽창에서 수축으로 돌아서면서 온도가 꾸준히 상승하여 이미 수백 도에 이르렀다. 가시광선의 적색 영역에까지 미친 우주배경복사의 영향으로 섬뜩한 붉은 빛을 뿜어내고 있는 것이다. KATSUAN999는 밤하늘이 암흑에 뒤덮여 있던 시절이 몹시 그리웠다. 인간과ㅊ 인류였을 때, 암흑은 불안하고 위험한 존재였다. 지금에서야 암흑만큼 평온한 세상이 없다는 것을 절감했다.

우주는 가파른 언덕에서 굴러 떨어지는 공처럼 빅 크런치라는 파국으로 치닫고 있다. 우주가 탄생하던 순간처럼, 불지옥을 향해 빠르게 붕괴하고 있는 것이다. 남은 시간은 고작 500만 년, 빅뱅 이후 1000억 년 동안 창조된 아름답고 다양한 세계의 구조는 불바다 속으로 사라지고 있다. 그리고 500만 년 후, 온 우주는 특이점으로 돌아가는 것이다.

빅뱅력 137억 년 무렵, KATSUAN999가 인간과ㅊ 인류로서 생을 마감하기 직전 전자공학자가 된 장남과 뇌과학자인 차남이 KATSUAN999의 뇌 정보를 실리콘 칩에 복사했다. KATSUAN999가 의식을 되찾은 것은, 그로부터 약 60억 년이 지난 빅뱅력 200억 년이었다. 은하계의 중심에 가까운 행성에서였다. 실리콘형 생명체로서 존재하는 그 행성의 지적 생명체가 우주 공간을 떠도는 파손된 비행선 안에서 실리콘 칩을 발견하고 복원한 것이다.

그 행성에서 과학자가 된 KATSUAN999의 연구 과제는 빅 크런치를 향해 수축하기 시작한 우주에서 탈출하는 방법이다. KATSUAN999가 지구형 탄소 생명체였던 빅뱅력 137억 년 시점의 우주는, 서로 밀어내는 척력 이른바 암흑에너지에 의해 가속팽창하고 있었다. 하지만 이 암흑에너지가 서서히 감소하더니 빅뱅 력 200억 년 무렵에 사라져버린 것이다. 본래 양의 곡률을 갖고 태어난 우주는 팽창과 암흑에너지에 의한 가속팽창으로 곡률이 거의 0이 되면서 팽창 속도가 다시 줄어들기 시작했다. 그리고 빅 뱅력 1000억 년, 우주는 마침내 수축으로 돌아섰다.

이때 이미 우주는 1000억 년쯤 후에는 빅 크런치라는 파국을 맞게 될 것이라는 사실이 분명해졌다.

은하문명은 우주 구석구석까지 미치며 영화를 누리고 있었다. 지적 생명체는 스스로를 다양한 형태로 디자인하여 불로불사의 생명체로서 생존할 수 있게 되었다. 지적 생명체의 최대 과제는 어떻게든 빅 크런치를 피하는 것이었다.

KATSUAN999는 빅 크런치를 피할 수는 없지만 빅 크런치를 맞기 전에 새로운 '자식 우주'를 만들어 그곳으로 탈출하는 '자식 우주 계획'을 은하연방정부에 제안하고 연구해왔다. 논리적으로 는 단순하고 실현 가능한 이 방법도 실제로는 수많은 기술적 문제 를 안고 있었다.

우주가 수축함에 따라 우주 온도가 상승하면서 화학반응을 일 으키는 생명체는 살아남기 어려웠다. KATSUAN999도 999번의 디자인을 거쳐 지금의 원자핵 물질형 생명체로서 생존하고 있다. 빅 크런치까지 500만 년이라는 시간이 남은 지금 드디어 '자식 우 주 계획'의 마지막 단계를 남겨둔 것이다.

이제 이 시뻘건 세상과도 작별이다. 이 버튼만 누르면, 은하계 를 감싼 공간의 진공에너지 밀도가 상승하면서 팽창을 시작할 것 이다. 그렇다, 자식 우주가 탄생하는 것이다. KATSUAN999는 성공을 확신하며 버튼을 눌렀다…….

과학 해설서에는 어울리지 않는 공상과학적 프롤로그였지만, 이 책에서는 표준적 우주론에 대한 소개뿐 아니라 우주의 미래에 대해서도 다뤄볼 것이다. 최근의 천문학적 관측에 의하면, 우주는 가속팽창하고 있다. 가속팽창이 알려지기 전에도 우주의 미래상에 대한 연구는 꾸준히 이루어지고 있었지만 가속팽창이 영원히 계속될 것인지 아니면 멈출 것인지에 따라 전혀 다른 양상을 보이며 그 내용 역시 다양하다. 또한 우주가 하나가 아니라 무한히 존재한다는 '멀티버스Multiverse' 이론과 우주의 성립을 둘러싼 인간원리에 대해서도 소개하고자 한다.

제1장
우주론의 기원

Abell 1689 은하단. 허블우주망원경이 촬영한 중력렌즈 상像. 멀리 떨어진 은하의 빛이 거대한 중력에 의해 굴절되면서 복수 혹은 선 모양으로 휘어져 보인다. (사진제공 : NASA)

신화 속 우주 탄생

우리가 사는 세상의 끝은 존재할까? 아주 먼 과거, 세상은 어떤 모습이었을까? 이 세상은 언제 처음 만들어지고, 얼마만큼의 시간이 흘러 지금과 같은 모습이 된 것일까? 이것은 아마도 인류의 역사가 시작되었을 때부터 제기된 의문일 것이다.

오랜 세월 이러한 의문에 답을 해온 것은 종교와 철학이었다. 기독교 성서의 창세기에는, 7일 만에 세상이 창조되었다고 쓰여 있다. 일본의 고사기에는, 이자나기와 이자나미라고 하는 두 남녀 신에 의한 창세 신화가 전해진다.

십수 년 전, 아이슬란드를 방문한 적이 있다. 아이슬란드대학에 있는 지인으로부터 우주론 강연을 부탁받은 것이다. 강연을 마치고 귀국하기 전, 비행기 안에서 읽어보라며 책 한 권을 선물 받았다. 북유럽 5개국 중 하나인 아이슬란드에는 다른 북유럽 국가들과 마찬가지로 고대로부터 전해 내려온 창세 신화가 있다. 지인에게 받은 책은 바로 그 창세 신화 『에다』를 영어로 옮긴 책이었다.

그림 1-1 『에다』 원본 (웁살라대학 소장)

그가 이 책을 선물한 이유는, 이 책에 서술된 세계 창조에 관한 부분 때문이었다.

'태초에는 아무것도 존재하지 않았다. 모래도, 바다도, 차가운 파도도 없었다. 대지도, 저 위의 하늘도 없고, 커다랗게 입을 벌린 심연만이 존재했으며 풀 한 포기 나지 않았다.'

나는 대서양 북부의 조그만 섬나라

사람들의 세계 창조에 대한 깊은 고찰에 감명을 받았다.

수년 전에는 도쿄東京대학과 스웨덴의 웁살라대학의 학술교류협정을 성사시키기 위해 직접 웁살라대학을 방문했다. 학장에게『에다』의 원본이 대학교 박물관에 보존되어 있다는 이야기를 듣고 간곡히 관람을 요청했다(그림 1-1). 양피지에 쓰인 글자며 그림이 다소 알아보기 힘든 부분도 있었지만『에다』와 재회한 순간의 감동만큼은 지금도 생생히 기억한다.

만다라의 삼천대천세계

세계 창조와 시간의 탄생에 관한 신화는 많지만, 공간적인 발생에 대한 기술은 그리 많지 않다. 그런 드문 예 중 하나가 불교의 만다라로, 삼천대천세계를 통해 세계의 구조를 그려냈다. 불교에서 말하는 세계란, 온갖 생물이 살아가는 곳을 의미한다. 인간은 수미산이 중심이 된 세계에서 살아가는데 우주에는 이와 같은 세계가 무수히 존재한다는 것이다. 그러한 세계가 천 개 모인 것을 소천세계라 하며, 소천세계가 천 개 모인 것을 중천세계, 다시 중천세계가 천 개 모인 것을 대천세계라고 한다. 대·중·소 세 종류의 천세계로 이루어졌기 때문에 '삼천대천세계'라고 부른다. 이 삼천대천세계도 부처 한 사람의 교화가 미치는 세계에 지나지 않기 때문에 부처의 수만큼 삼천대천세계가 존재한다는 것이다. 만다라의 우주는 흡사 천문학에서 말하는 은하우주를 이야기하는 듯하다.

인류는 오랜 세월 자신이 사는 세계를 관찰함으로써 대지가 평평하지 않고 둥글다는 것을 알았으며 태양과 행성이 지구를 중심으로 돈다고 생각했다. 훗날 천체상의 행성 운동을 면밀히 관측한 결과, 모든 행성은 태양을 중심으로 돌고 지구도 그 행성 중 하나에 불과하다는 것을 알게 되면서 인류는 더는 자신들이 세계의 중심이 아니라는 것을 깨달았다. 지금까지 인류는 자신의 세계를 태양계에서 은하계 그리고 은하우주로까지 넓혀왔다. 지금 우리는 최소 100억 광년(10²⁶미터) 이상의 우주 공간에 1000억 개가 넘는 은하가 존재하는 것을 알고 있다.

빅뱅 우주

21세기 현재, 우주를 설명하는 과학적 이론은 빅뱅 우주이다. 우리가 사는 이 우주는 약 100억 년 전 뜨거운 불덩이로 태어나 100억 년의 시간을 거쳐 지금의 모습이 되었다는 이론이다.

일반적으로 쓰이는 '빅뱅'은 영국에서 들어온 경제용어로, 금융 자유화를 비롯한 규제완화로 경제 회복을 꾀하는 정책을 가리키는 말이다. 1986년 대처 수상 시절 펼쳤던 이 정책으로 영국 경제는 노인병을 극복하고 활기를 되찾을 수 있었다고 한다. 반면에 돈벌이가 안 되는 기초과학 예산이 크게 삭감되고 대학의 소위 에이전트화가 진행되면서 실적 위주의 사회 분위기가 조성되었다. 일본도 10년쯤 늦게 영국의 대학개혁을 도입해 국립대학을 독립법인화하고 정상적인 대학운영비를 대폭 삭감해 경쟁적 자금으로 전환했다. 영국과 마찬가지로, 각 대학은 실적 경쟁에 대한 부담을 안게 되었다.

우주가 뜨거운 '불덩이'의 급팽창으로 태어났다는 '빅뱅'도 영국에서 만들어진 말이다.

1950년 무렵, 팽창우주를 어떻게 설명할지를 두고 빅뱅 이론과

정상우주론이 우열을 가릴 수 없을 만큼 팽팽하게 맞서고 있었다. '빅뱅' 이론은 1946년 러시아 출신의 미국 물리학자 조지 가모프가 제창했다. 한편, 정상우주론은 1947년 당시 캠브리지대학 천문학연구소 소장이기도 했던 프레드 호일과 그의 동료들이 제창한 이론이다. 정상우주론은 우주에는 시작도 끝도 없으며 늘 같은 상태를 유지하고 변하지 않는다는 이론이다. 팽창하는 우주의 밀도가 일정한 것은 물질 밀도가 감소하는 만큼 새로운 물질이 탄생하기 때문이라는 것이다. 현대적 관점에서 보면, 꽤나 모호한 가정이지만 당시 유력시되던 빅뱅 이론도 은하의 거리와 후퇴속도로 추정되는 우주의 나이가 지구상의 암석 나이보다 훨씬 젊은 약 20억 년에 불과하다는 결정적인 문제점을 안고 있었다.

애초에 빅뱅이라는 말을 처음 꺼낸 사람은 호일이었다. 가모프의 이론을 '대폭발'에 빗대어 조롱하듯 부른 것이 시작이었다. 훗날 호일은 BBC 인터뷰에서 자신은 절대 조롱할 뜻이 없었으며 가모프의 이론을 표현할 적절한 말을 고민하다 나온 말이었다고 했다.

빅뱅모델의 난제였던 우주 나이의 모순은 은하의 거리를 측정하는 방법에 문제가 있었기 때문에 발생한 결과였다. 1950년대 거리 측정 밀도가 높아지고 우주의 나이가 '연장'되면서 모순은 해결되고 1964년에는 우주 초기의 '불덩이 화석'이라고도 부를 수 있는 전파가 우주에 가득 차 있는 것을 발견했다. '우주배경복사'를 찾은 것이다. 이로써 빅뱅 이론이 승리하게 된다. 빅뱅 이론의 뿌리는 아인슈타인의 일반상대성이론이다. 아인슈타인 자신이 우주 이론을 제창한 것이다. 다만, 아인슈타인의 우주는 팽창하지 않는 정적인 우주였다.

1. 아인슈타인의 우주

20세기 물리학의 혁명

1905년 아인슈타인(그림 1-2)은 물리학 분야에 커다란 업적을 잇달아 내놓았다. 그중 하나가 특수상대성이론이다. 1916년에는 십수 년의 연구가 결실을 맺으며 오랜 꿈이었던 일반상대성이론을 완성했다. 지금은 특수상대성이론과 일반상대성이론을 합쳐서 간단히 상대성이론이라고 부르는 경우가 많다.

상대성이론은 한마디로 '시공간의 물리학'이다. '시공간'이란 시간과 공간을 합친 말이다. 물론, 단순히 합친 것이 아니라 이 둘이 일체 불가분의 관계라는 것을 의미한다.

아인슈타인 이전의 시간과 공간은 처음부터 존재하는 것이지 물리학의 대상이 아니었다. 예컨대 아인슈타인보다 100년쯤 전 시대의 철학자 칸트는 시간과 공간을 선험적인 것이라고 했다. 질문할 수 없는 문제라는 것으로 당시로서는 시간과 공간에 대한 적절한 표현이었을 것이다. 물리학은 이 시간과 공간이라는 무대 위에서 물질이 어떻게 운동하는지를 논하는 학문이며, 그 무대는 절대 불변한 존재였다.

아인슈타인은 특수상대성이론을 통해 시간과 공간이 밀접하게 얽혀 있다는 것을 주장함으로써 그때까지의 시공간에 대한 생각을 송두리째 바꿔놓았다. 물체가 광속에 가까운 속도로 운동하는 경우, 시간의 진행과 공간의 척도가 함께 변화한다는 것이다.

그림 1-2 A. 아인슈타인
(1879~1955)

$$R_{ij} - \frac{1}{2}g_{ij}R \quad = \quad \frac{8\pi G}{c^4}T_{ij}$$

시공간의 왜곡을 나타내는 식 $=$ 물질을 나타내는 식

그림 1-3 아인슈타인의 중력장 방정식. 물질이 공간의 기하학을 결정한다.

뒤이어 일반상대성이론으로 밝혀낸 것은, 시간과 공간이라는 무대가 물질에 의해 변형된다는 것이다. 절대 불변하다고 믿었던 시공간이라는 무대가 물질에 의해 변화할 것이라고는 누구도 생각지 못했다. 어쩌면 그래서 단순하고 아름다운 뉴턴역학의 체계를 구축할 수 있었던 것이 아니었을까.

시간과 공간 그리고 중력

일반상대성이론의 가장 유명한 성과는, 아인슈타인의 중력장 방정식이다. 물질의 분포와 운동 조건을 대입하면 시공간의 왜곡을 계산해낼 수 있다(그림 1-3).

여러분이 지금 교실에서 강의를 듣고 있다고 하자. 강의 시작 전 텅 빈 교실에 비하면 교실 안의 시공간은 아주 적게나마 '곡률이 양'의 방향으로 휘어진다. '곡률이 양'이라는 것은 삼각형을 그렸을 때 그 내각의 합이 180도보다 커지는 방향이다(그림 1-4). 텅 빈 교실의 시공간은 보

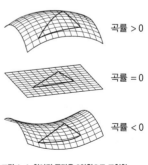

곡률 > 0

곡률 = 0

곡률 < 0

그림 1-4 휘어진 공간을 2차원으로 표현한 이미지

다 '평평하고' 삼각형의 내각의 합은 180도에 가까웠을 것이다.

교실 안에는 시계가 걸려 있다. 멀리 있는 사람의 눈에는, 여러분이 이 교실에 들어왔을 때부터 시계가 느리게 가는 것처럼 보일 것이다(단, 이러한 '왜곡'이나 '시간의 지체'는 극히 미미한 수준이라 실제 관측하기는 무척 어렵다).

이러한 현상은 물질을 담고 있는 시공간이라는 그릇이 변형되기 때문에 일어난다. 예컨대 고무로 만든 그물과 같다. 그물 위에 아무것도 없으면 바둑판처럼 반듯하게 보이지만 질량이 큰 물체를 올리면 그물이 아래로 축 처진다. 그 옆에 작은 물체를 놓으면 그물이 약간 아래로 처지지만 질량이 큰 물체가 그물을 더 크게 끌어내리기 때문에 작은 물체는 질량이 큰 물체 쪽으로 굴러간다. 이러한 작용이 뉴턴의 만유인력이다. 즉, 시공간의 왜곡으로 힘이 발생하는 것이다.

시공간의 왜곡을 기술하는 수학은 휘어진 공간의 기하학인 '리만 기하학'이다(여러분이 학교에서 배우는 것은 평평한(휘어지지 않은) 공간을 다루는 기하학으로 '유클리드 기하학'이라고 부른다).

교실의 시공간의 왜곡을 계산하려면 어느 장소에, 얼마만큼의 질량을 가진 물질이, 어떤 속도로 운동하는지를 아인슈타인의 방정식에 대입하면 된다. 실제로는 교실 안의 물질 분포만으로는 계산할 수 없다. 교실 밖에 있는 물질이 교실 안의 시공간 구조에도 영향을 미치기 때문이다. 물론, 그 물질이 멀리 있고 질량이 작을수록 미치는 영향은 작다. 하지만 엄밀히 말하면, 아무리 작은 교실 안의 시공간의 왜곡을 계산할 때도 우주 전체의 물질 분포를 모르면 계산할 수 없다.

우주 전체의 물질 분포를 대입해야 시공간 전체의 '왜곡'을 계산할 수 있다. 즉, 안에 담긴 물질에 의해 결정되는 '왜곡'된 시공간 그 자체가 곧 우주인 것이다.

우주원리──균질성과 등방성

일반상대성이론을 발표한 아인슈타인은 자신의 방정식으로 우주 전체를 설명할 수 있다는 것을 인식했다. 그의 우주론 논문은 일반상대성이론을 발표한 이듬해인 1917년에 나왔다.

아인슈타인은 우주 이론을 만들기 위해 먼저 '우주원리'라고 불리는 가정을 제시했다. 우주는 관측 위치나 방향에 상관없이 언제나 동일하다는, 균질성과 등방성의 가정이다.

먼저 '균질성'이라는 것은 우주는 어느 곳이나 같다는 것이다. 어느 한곳에만 물질이 많거나 적은 불균형은 없다는 가정이다.

과연 그런 가정이 타당한지 의심이 들 수 있다. 우주에는 수많은 별과 은하 등의 천체가 가득하고 나머지는 거의 진공이 아닌가. 물질 분포로 보면, 우주는 불균형 그 자체가 아닌가 하고 말이다.

확실히 별과 은하가 분포하는 100만 광년이라는 비교적 작은 공간 스케일로 보면 균질성이라는 가정은 나쁘지 않다. 실제 최근의 관측에서는 1억 광년에 걸친 은하의 분포를 평균적으로 보았을 때 우주는 거의 균일하다는 것이 밝혀졌다.

나중에 설명하겠지만, 배경복사라고 하는 전파는 우주의 모든 방향에서 같은 강도로 들어온다. 이것도 균질성이라는 가정의 타당성을 뒷받침하는 중요한 관측적 증거이다.

다음으로 '등방성'이란 우주에는 특별한 방향이 없다는 것이다. 만약, 우주 전체가 자전한다면 자전축에 해당하는 특별한 방향이 있겠지만 그런 것은 없다는 가정이다.

사실 아인슈타인이 살던 시대에는 이러한 관측적 증거가 없었다. 1억 광년은커녕 우리은하 옆에 있는 약 200만 광년 거리의 안드로메다은하가 우리은하 안의 성운인지를 두고 논쟁을 벌이던 시대였다.

그렇다면 왜 아인슈타인은 우주원리와 같은 가정을 한 것일까? 실은 그렇게 간단히 만들지 않으면, 아인슈타인 방정식을 풀 수 없었기 때문이다. 그렇다고 아인슈타인의 방정식이 그리 쉽게 풀 수 있는 방정식은 아니지만 말이다.

우주의 팽창과 수축

아인슈타인은 우주원리를 가정해 최대한 간단히 만들어서 풀어보려 했지만 이내 벽에 부딪혔다. 방정식을 풀었더니, 우주가 팽창하거나 수축해서 쪼그라들었던 것이다.

우주원리에 따라 아인슈타인 방정식을 풀어보면, 우주의 척도가 되는 하나의 변수로 귀착한다. 이는 은하가 분포하는 공간이 팽창하거나 수축한다는 의미이다. 팽창과 수축이 일어나면 은하 사이의 거리가 멀어지거나 가까워진다. 우주의 물질이 많으면 중력에 의해 수축해버리고 물질이 적으면 점점 팽창하는 것이다.

우주가 팽창한다는 것을 알고 있는 우리로서는 당연한 말처럼 들릴 것이다. 하지만 당시 아인슈타인은 말도 안 되는 일이라고 생각했다. 아인슈타인뿐 아니라 당시에는 과학자를 비롯한 많은 사람들이 우주가 영원불변하다고 믿었다.

밤하늘을 올려다보자. 어릴 때부터 알고 있는 밤하늘과 지금의 밤하늘이 달라졌는가? 보기에는 똑같을 것이다. 아무리 오래된 책을 뒤적여도 우주의 모습이 바뀌었다는 기록은 없다. 우주는 영원불변하다는 것이 상식이었다. 아인슈타인 역시 자신의 방정식에서는 물질의 존재로 인해 시공간이 변화하기는 하지만 시공간 전체 즉, 우주는 어디까지나 영원불변하며 절대적인 존재로밖에 생각할 수 없었을 것이다.

우주항——척력과 중력

아인슈타인은 이처럼 '잘못된 결과'를 도출하는 자신의 방정식을 믿지 못하고 '옳은 결과'를 이끌어내기 위해 방정식을 수정하기로 한다.

아인슈타인은 팽창도 수축도 하지 않는 정적인 우주를 만들기 위해 '우주항'이라고 하는 상수를 자신의 방정식에 집어넣었다. 그의 생각은 단순했다. 우주가 수축한다면 반대로 밀어내는 힘을 집어넣으면 된다는 것이었다.

우주가 수축하는 이유는 우주를 채우고 있는 물질에 작용하는 중력이 서로 끌어당기는 힘 즉, 인력이기 때문이다. 만유인력이라고도 불리는 중력에는 인력(끌어당기는 힘)으로만 작용할 뿐, 척력(서로 밀어내는 힘)은 존재하지 않는다(정전기에는 인력과 척력 두 경우가 있다. 물질세계에는 전하와 같이 보통의 물질과는 정반대의 성질을 지닌 '반물질'이 존재한다. 물질과 반물질 사이에 작용하는 중력이 척력이 아닐까 생각하는 사람도 있을지 모르지만 물질 간, 반물질 간 혹은 물질과 반물질 간에도 중력은 어디까지나 인력이다).

그렇다면 어떻게 우주의 수축에 반대되는 힘을 방정식에 집어넣을 수 있을까? 이것 또한 단순하다. 아인슈타인 방정식의 우변에 척력이 되는 항을 추가하기만 하면 된다. 이 항을 우주항 또는 우주상수라고 한다(그림 1-5). '상수'라는 것은, 이 항의 값이 우주 전체에서 일정하기 때문이다.

우주항은 아무것도 없는 공간끼리 서로 밀어내는 기묘한 힘이다. 태양계나 은하계와 같은 스케일의 공간에서는 만유인력의 역제곱 법칙이 성립하지만 우주항은 척력으로서 관측되지 않는다. 우주항에 의한 척력은 100억 광년 정도의 우주 스케일에서 비로소 효과가 나타나는 미약한 힘이다.

이렇게 아인슈타인은 만유인력과 우주항이 적절한 균형을 이루며 팽창도 수축도 하지 않는 정적인 우주 이론을 만들었다.

$$R_{ij} - \frac{1}{2} g_{ij}R \quad = \quad \frac{8\pi G}{c^4} T_{ij} \quad - \quad \Lambda g_{ij}$$

| 시공간의 왜곡을 나타내는 식 | = | 물질을 나타내는 식 | + | 우주항 |

그림 1-5 우주항을 추가한 아인슈타인의 중력장 방정식

우주는 무한한가

우주는 유한한가, 무한한가? 오랜 세월 제기돼온 의문이다.

아인슈타인의 시공간(리만 기하학에 바탕을 둔)은 곡률이 양일 경우에는 '닫힌' 공간이 된다. 이것을 2차원 공간 즉, 곡면으로 설명하면 풍선의 표면과 같은 공간에 해당한다. 유한하지만 '끝'은 존재하지

않는다. 관측 수단이 허락하는 최대한도까지 관측이 가능하지만, 먼 곳을 본다는 게 실은 우리가 사는 은하계를 보고 있을지도 모르는 경우가 발생할 수 있다.

한편, 곡률이 0이거나 음인 경우 공간은 무한히 펼쳐진다. 무한히 펼쳐진 공간은 '열린' 공간이라고 한다.

주의해야 할 것은, 곡률이 0이거나 음인 우주가 곧 '무한'하다는 의미는 아니다. 정사각형의 색종이를 떠올려보자(그림 1-6). 색종이에 삼각형을 그린다. 이 삼각형의 내각의 합은 180도이기 때문에 색종이는 곡률이 0인 평면이다. 색종이를 말아서 좌변 AB와 우변 DC를 붙이면 원통 모양이 된다. 조금 전 그린 삼각형의 내각의 합은 원통 상에서도 그대로 180도이며 색종이의 곡률은 0이다. 이번에는 원통의 윗변과 아랫변을 풀로 붙여보자. 우리가 사는 3차원 공간에서 이러한 모양을 만들려면 색종이가 구겨지는 등 쉽지 않지만 도넛 모양의 토러스가 만들어지는 모습은 쉽게 상상할

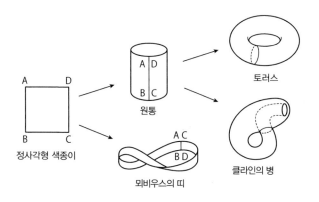

토러스

원통

정사각형 색종이

뫼비우스의 띠

클라인의 병

그림 1-6 평평한 2차원면의 위상기하학

수 있을 것이다. 수학적으로는 4차원이나 5차원과 같은 고차원 세계에서는 어렵지 않게 붙일 수 있다. 처음 그린 삼각형의 내각의 합은 이 토러스 상에서도 똑같이 180도이며 곡률은 0 다시 말해 '평평한' 상태 그대로이다. 이 토러스는 어디나 곡률이 0인 평평한 공간이다. 하지만 무한히 펼쳐지는 열린 공간이 아니라 유한한 닫힌 공간이다.

자, 이번에는 원통을 만들 때 일부러 우변을 꼬아서 C와 A 그리고 D와 B를 붙여보자. 그러면 '뫼비우스의 띠'를 만들 수 있다. 혹은 토러스를 만들 때 원통의 위아래를 그대로 붙이지 않고 안쪽에서부터 붙이면 '클라인의 병'이 만들어진다. 이것도 토러스와 마찬가지로 3차원 공간에서는 만들 수 없다. 고차원 공간에서만 자연스럽게 붙일 수 있다.

이렇게 공간의 위상적 성질을 연구하는 기하학을 위상기하학이라고 한다. 색종이의 2차원 위상기하학과 같은 연구는 우주의 3차원 공간에 대해서도 이루어지고 있으며 3차원 토러스나 3차원 클라인의 병 등 다양한 위상기하학이 존재하는 것으로 알려진다.

우주의 위상기하학을 생각하면, 곡률이 양이 아닌 0이나 음이라도 공간이 유한할 가능성이 있다. 하지만 현재까지의 관측으로는, 우주의 곡률은 거의 0에 가깝고, 관측되고 있는 우주가 유한한 우주의 일부라는 증거도 발견되지 않았다. 우리의 우주가 유한하고 설령 3차원 토러스라고 해도 그 크기는 100억 광년 이상일 것이다. 많은 우주론 서적에서 위상기하학에 관한 토론을 피하며 간단히 곡률이 0이나 음이라면 우주는 무한히 펼쳐지는 이른바, 열린 우주라고 말한다.

2. 팽창우주의 발견

허블의 법칙

1929년 E. 허블(그림 1-7)은 윌슨 산 천문대의 2.5미터 구경 망원경으로 은하의 분포 등을 연구해 우리은하 밖에 무수한 은하(당시에는 '섬우주'라고 불렀다)가 분포하고 있는 것이 우주의 모습이라는 것과 은하가 우리 은하로부터의 거리에 비례하는 속도로 멀어진다는 것을 알아냈다. 팽창우주의 발견이다.

그림 1-7 E. 허블(1889~1953)

허블은 은하의 거리를 측정하기 위해 변광성變光星을 이용하는 방법을 고안했다. 세페이드라고 불리는 유형의 변광성에서는 변광 주기와 절대 광도의 관계가 규칙적이라는 것을 발견하고 우리 은하 안에 있는 세페이드 변광성을 찾아내 변광 주기를 관측함으로써 절대 광도를 측정하고 관측된 밝기에서 거리를 계산해냈다(단, 허블은 주기–광도 관계가 다른 거문고자리 RR형 변광성과 혼동하는 바람에 은하의 거리를 실제의 약 절반으로 계산하면서 우주 나이를 잘못 측정했다. 세페이드 변광성의 주기–광도 관계는 1952년 바데에 의해 크게 개정되었다).

은하의 속도는 스펙트럼선의 '적색편이赤色偏移'를 통해 측정할 수 있다(그림 1-8a). 은하나 별빛의 스펙트럼을 분석하면 파장이 긴 붉은 색 쪽으로 이동하는데 이를 적색편이라고 하며 은하나 별이 우리에게서 멀어지고 있는 것을 나타낸다. 구급차가 가까워질 때와 멀어질 때 사이렌 소리의 높낮이가 달라지는 것과 같은 '도플

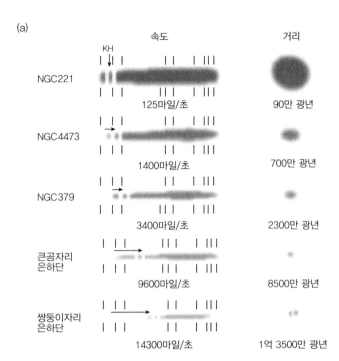

(a)

속도   거리

KH

NGC221   125마일/초   90만 광년

NGC4473   1400마일/초   700만 광년

NGC379   3400마일/초   2300만 광년

큰곰자리
은하단   9600마일/초   8500만 광년

쌍둥이자리
은하단   14300마일/초   1억 3500만 광년

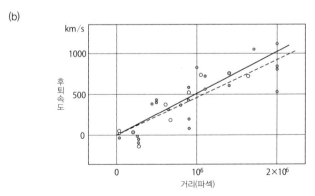

(b)

그림 1-8 은하의 적색편이(a)와 허블이 측정한 은하의 속도-거리관계(b). 1파섹은 약 3광년의 거리.

러 효과'이다. 적색편이의 양(파장이 길어지는 비율)으로 은하가 멀어지는 속도(후퇴속도)를 정확하게 측정할 수 있다.

이렇게 부상한 것이 은하의 후퇴속도가 거리에 비례한다고 하는 '허블의 법칙'이다(그림 1-8b). 그 비례상수를 허블상수라고 한다. 허블 법칙은 우리가 사는 은하계가 우주의 중심이 아니며 우주에는 중심이 없고 은하가 서로의 거리에 비례하는 속도로 멀어진다는 것을 의미한다(그림 1-9).

1936년에 간행된『은하의 세계』에는 현대적인 은하우주의 모습을 최초로 그려낸 허블의 고뇌가 고스란히 담겨 있다.

관측에 의해 정적 우주론을 부정당한 아인슈타인은 '우주항은 내 인생 최악의 실수'였다고 시인하며 우주항을 철회했다. 그런데 훗날 아인슈타인의 우주항을 철회할 필요가 없었다는 사실이 밝혀진다.

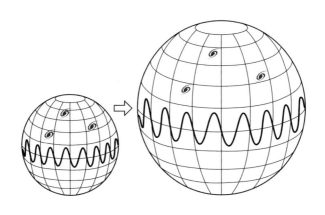

그림 1-9 균일하게 팽창하는 우주의 2차원 이미지.

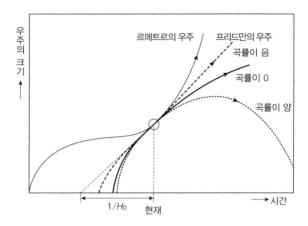

그림 1-10 프리드만의 우주와 르메트르의 우주. 프리드만의 세 가지 해와 르메트르의 해를 현재의 팽창률(허블상수 H_0)과 일치하도록 나타냈다. 현재의 팽창률이 과거에도 일정했다면(가는 점선) 우주의 나이는 그 역수가 된다.

팽창우주 이론

오늘날 빅뱅 우주 이론의 기초가 된 것은 러시아의 수리물리학자 알렉산드르 프리드만이 허블의 발견 이전인 1922년 아인슈타인의 방정식을 수식적으로 풀어낸 해이다. 프리드만 방정식 혹은 프리드만의 우주 이론이라고 불린다. 프리드만이 풀어낸 방정식 해는 세 가지로 분류된다(그림 1-10).

첫 번째는 팽창 에너지가 부족해 어느 시점에 중력에 의해 팽창이 수축으로 돌아서는 경우이다(곡률이 양인 경우). 예컨대, 대포알을 쏘아 올려 인공위성처럼 지구 궤도를 돌게 만들려는 시도가 탈출속도(지구의 중력을 이기는 속도)에 이르지 못해 다시 지면으로 낙하하는 경우이다. 우주는 팽창에서 수축으로 돌아서고 빅뱅으로 되돌아가는 듯한 과정을 거쳐 밀도 무한대의 '특이점'으로 최후를 맞는다. 이것을 '빅 크런치'라고 한다.

두 번째는 대포알이 탈출속도와 일치하는 경우이다(곡률이 0인 경우). 대포알은 지구의 인력으로 점차 속도가 떨어지지만 낙하하지는 않는다. 우주도 마찬가지로, 팽창 속도는 점점 느려지지만 결코 수축하지는 않는다.

세 번째는 대포알의 속도가 충분히 커서 탈출속도를 뛰어넘는 경우이다(곡률이 음인 경우). 지구의 인력권을 탈출한 대포알은 우주공간을 등속도로 날아간다. 우주도 마찬가지로, 팽창 초기에는 속도가 줄어들지만 머지않아 등속도로 팽창한다. 빅 크런치와는 대조적으로 우주는 끝없이 팽창한다.

프리드만은 팽창우주가 관측되는 것을 보지 못하고 1925년에 세상을 떠났다.

아인슈타인의 우주항을 그대로 도입해 팽창우주 이론을 만든 것은, 벨기에의 신부이자 물리학자였던 르메트르이다. 그 역시 허블의 발견 이전인 1927년에 팽창우주 논문을 발표했다. 당시 아인슈타인은 그의 이론을 묵살했다. 그때까지도 아인슈타인은 정적 우주론을 믿고 있었던 것이다.

르메트르의 우주는 팽창할수록 물질 밀도가 낮아지다 어느 시점에 우주항의 척력이 우세해지고 그 척력에 의해 팽창이 가속화한다. 이는 프리드만의 우주에서는 일어날 수 없는 특징이다. 그림 1-10에서 르메트르의 이론도 함께 표시했다.

또한 르메트르는 극도로 압축된 고온의 '원시 원자'에서 우주가 탄생했다는 가설을 제시했기 때문에 빅뱅 이론의 선구자로 볼 수 있다.

3. 빅뱅 이론의 확립

불덩이 우주론

오늘날 우주가 팽창하고 있다는 것은 먼 과거에 은하가 한데 뭉쳐 있던 시대가 있었다는 것이다. 그보다 더 먼 과거로 거슬러 올라가면, 좁은 공간에 물질이 가득 차 있었을 것이다. 물질은 팽창할 때 운동에너지를 잃어버리기 때문에 과거에는 물질의 운동에너지가 크고 온도도 매우 높았을 것이다.

그리하여 가모프(그리고 후대의 연구자들)가 그린 우주의 탄생은 다음과 같다.

우주는 매우 높은 밀도와 고온의 불덩이 상태에서 탄생했다. 그리고 급격하게 팽창하며 점차 식어갔다. 우주 탄생 0.01초 후의 온도는 1000억 도에 달했다. 전리電離된 물질(양자·중성자·전자)과 함께 대량의 빛이 존재하고 에너지 밀도는 물질을 뛰어넘었다. 이 '우주 원자로'의 온도가 10억 도까지 낮아지면 양자와 중성자가 결합하게 된다. 대량의 빛은 핵반응이 과도하게 일어나는 것을 억제한다. 우주 탄생의 최초 수분 사이에 가벼운 원자핵(중양자=양자 1개+중성자 1개, 헬륨 4=양자 2개+중성자 2개 등)이 만들어진다.

우주는 계속 팽창하고 온도도 점점 내려갔다. 우주 탄생 30분쯤 후에 위와 같은 핵반응이 멎는다. 그 후, 30만 년쯤 지나 원자핵에 전자가 결합하면서 수소와 헬륨가스 그리고 빛이 모여 있는 우주가 완성된다. 우주가 계속 팽창하면서 빛의 압력이 감소하자 곳곳에서 가스가 모여들기 시작해 천체를 형성한다.

초기 우주에 헬륨과 같은 가벼운 원자핵이 만들어졌다는 설은,

오래된 천체든 새로운 천체든 헬륨의 존재량이 거의 같다는 사실과 일치한다. 헬륨은 항성 내부에서도 만들어지지만 그 양은 현재의 우주 물질 전체의 수 퍼센트로, 이 증가분을 바탕으로 한 초기 우주의 헬륨 비율은 중량 대비 24퍼센트로 빅뱅의 핵반응 이론과도 일치한다. 헬륨의 존재량은 빅뱅 이론의 강력한 증거 중 하나이다. 또한 다른 대부분의 원소는 빅뱅 이후 우주의 항성 내부에서 합성된 것이다.

불덩이 '화석'——우주배경복사

가모프는 '불덩이'에 존재하던 빛이 우주가 팽창할 때도 거의 충돌하지 않고 현재까지 남아 있을 것이라고 예측했다. 그 빛은 우주 전체에 가득하고 모든 방향에서 날아올 것이다. 다만, 당시 4천 도였던 온도는 우주가 팽창하면서 점점 식어 지금은 수 도 정도의 절대온도가 되었을 것이다.

이 예언은 1960년대 소련의 젤도비치가 다시 꺼내기까지 10년 남짓 빛을 보지 못했다. 다시 주목을 끌기 시작했을 때, 그 빛을 발견한 것은 뜻밖의 장소에서였다.

1964년 뉴저지 주에 있는 벨 연구소의 A. 펜지어스와 R. W. 윌슨은 절대온도 약 3도에 해당하는 정체불명의 전파를 관측했다. 그 신호는 전파 망원경의 잡음이나 대기권 혹은 은하에서 들어오는 것이 아니라 우주의 모든 방향에서 들어오는 것처럼 보였다. 이 결과는 곧장 배경복사 연구팀에 전달되어 우주 탄생 후 약 30만 년경 우주를 떠돌던 불덩이의 '화석'으로 인정받았다. 이 전파를 우주배경복사라고 한다.

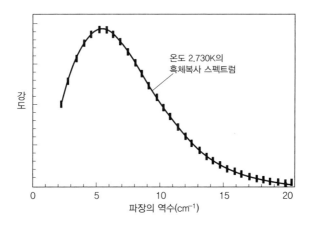

강도

온도 2.730K의
흑체복사 스펙트럼

0   5   10   15   20

파장의 역수(cm⁻¹)

그림 1-11 COBE가 관측한 우주배경복사의 스펙트럼. 오차는 20배로 확대해 그렸다. 흑체복
사의 스펙트럼(곡선)에 정확히 일치한다.

사실, 펜지어스와 윌슨이 측정한 것은 하나의 파장뿐이었다. 이
전파의 다양한 파장과 파장의 강도 분포가 빅뱅 이론으로 예언한
'흑체복사'의 분포와 일치하는 것을 확인한 것은 1989년에 쏘아올
린 우주배경복사 관측위성 COBE였다(그림 1-11).

재결합의 시기

우주배경복사가 우주 탄생 이후 30만 년경의 화석이라고 불리
는 이유에 대해 설명하기로 하자.

우주론의 흥미로운 점은 현 시점에도 100억 년 전의 우주를 볼
수 있을 뿐 아니라 원리적으로는 우주 탄생의 순간까지도 볼 수
있다는 것이다.

예를 들어, 안드로메다은하를 살펴보자(그림 1-12). 안드로메다은

34

하는 우리은하 옆에 있지만 거리는 230만 광년이나 떨어져 있다. 다시 말해, 안드로메다은하에서 빛이 도착하기까지 230만 년이 걸린다는 것이다. 지금 우리가 보고 있는 안드로메다은하는 230만 년 전의 안드로메다은하이고 거기서 빛나는 별은 이제는 존재하지 않을 수도 있다.

또 다른 예로, 1989년 지구에서 약 3억 광년 떨어진 곳에서 '그레이트 월'이라고 불리는 은하가 수억 광년에 걸쳐 벽처럼 늘

그림 1-12 윌슨 산 천문대의 100인치 망원경으로 본 안드로메다은하. 허블은 그 거리를 약 70만 광년으로 추정했지만 현재는 230만 광년으로 알려져 있다.

어선 구조로 발견되었는데 이것 역시 3억 년 전의 모습이다.

현재까지 발견된 가장 오래된 은하는 우주 탄생 후 7억 년, 지금으로부터 130억 년 전의 것으로 알려졌다. 그렇다면 과연 얼마나 먼 과거의 모습까지 볼 수 있을까. 그것은 관측 도구에 달려 있다. 빛이나 전파를 이용하는 한 빅뱅 이후 30만 년 정도밖에 볼 수 없다.

우주의 탄생으로부터 약 30만 년 후, 우주배경복사의 빛이 자유롭게 풀려난 때를 '재결합의 시기'라고 한다. 그 전까지 우주는

뜨거운 불덩이 상태로, 물질은 전리하고 전자는 우주 공간을 날아다니고 있었다. 전자는 빛을 강하게 산란하기 때문에 빛은 직진하지 못하고 우주는 불투명한 상태였다. 우주의 온도가 내려가고 전자의 운동에너지가 작아지면서 전자는 원자핵과 결합한다. 자유롭게 날아다니던 전자가 사라지자 빛이 직진하게 되면서 우주는 투명해졌다. 잔뜩 흐린 하늘이 맑게 갠 것처럼 말이다.

우주 탄생의 순간을 보기 위해서는 중력파를 이용해야 한다. 중력파란 일반상대성이론이 예언한 시공간의 왜곡이 파동으로 전달되는 현상이다. 전 세계에서 중력파를 검출하기 위한 다양한 연구가 이루어지고 있지만 아쉽게도 아직은 중력파를 관측하는 기술이 확립되지 못했다. 100년 안에 중력파를 관측할 수 있는 '망원경'이 만들어진다면, 우주 탄생의 순간을 볼 수 있을 것이다.

4. 우주의 기원

이번 장의 첫머리에서 이야기한 아이슬란드의 창세 신화 『에다』에는 아무것도 없는 태초를 표현하며 '차가운 파도도 없었다'고 말한다. 아무것도 없었다는 의미로 '커다랗게 입을 벌린 심연만이 존재했으며 풀 한 포기 나지 않았다'고도 쓰여 있다. 아이슬란드는 동아프리카 지구대가 섬을 가로지르고 있다. 커다랗게 입을 벌린 심연이라는 것은 어쩌면 지구대를 나타내는 표현이 아니었을까. 『에다』의 창세 신화에서는 아이슬란드의 풍토적 색채가 느껴졌다.

대다수 신화에서는, 태초에 이미 공간이 존재하고 있었던 것 같다. 창세란 그 공간 안에 하늘과 땅 등의 구조를 만들어내는 것이다. 하지만 물리학에 뿌리를 둔 우주론에서 말하는 우주의 탄생은 시공간과 그 안을 채우고 있는 물질 모두를 만드는 것이다.

프리드만과 르메트르의 우주는 물질을 '입력'해서 나온 아인슈타인 방정식의 해일뿐 물질이나 시공간의 기원에 대해서는 언급하지 않았다. 우주론에서 물질의 기원을 논하게 된 것은 1980년 무렵부터였다. 빅뱅 우주에 가득한 불덩어리의 물질은 어디에서 온 것일까? 그 이야기는 다음 장에서 소개하기로 하고 여기서는 우주의 기원을 논할 때 항상 문제가 되는 초기 조건에 대해 이야기하고자 한다.

초기 우주의 난제——초기 조건과 인과율

프리드만의 우주 이론에는 세 가지 운명이 있는데 어떤 운명을 맞게 될지는 우주의 초기 속도로 결정된다. 과연 우주가 지금처럼 팽창하게 된 이유는 무엇일까? 프리드만의 우주론으로는 이 질문에 답할 수 없다. 예컨대, 대포알의 운명은 대포에 채울 화약의 양 더 나아가 그것을 판단하는 포사수에게 달려 있다. 우주의 경우에는, 팽창의 초기 속도를 결정하는 존재가 없을 뿐더러 물리학으로 정할 수도 없다. 그렇기 때문에 '신'을 이야기하는 사람이 나타나는 것이다.

프리드만의 우주는 시공간의 '특이점'으로부터 탄생한다. 특이점은 상대성이론을 포함한 모든 물리학의 법칙이 적용되지 않는다.

특이점은 또한 우주의 인과율에도 위배된다. 우리가 사는 세계는 모든 것이 물리적인 인과관계(인과율)에 의해 연결된다고 인식되고 있다. 그런데 특이점이 있으면 거기서 어떤 정보가 나오거나 들어가게 된다.

예컨대, 블랙홀의 중심도 특이점이다. 블랙홀은 스스로의 중력에 의해 극도로 수축된 천체로, 외부로부터의 관측이 불가능한 시공간이다(그 경계를 사건의 지평선이라고 한다). 블랙홀은 다양한 정보를 빨아들이기만 할 뿐, 어떠한 결과도 가져올 수 없다.

1970년대 스티븐 호킹은 블랙홀이 일정 온도를 지니고 있으며 그 온도에 상응하는 복사가 방출되면서 증발한다고 주장했다. 사건의 지평선 가까이에서 생성된 가상의 입자 한 쌍이 블랙홀로 빨려 들어가 양성 에너지를 지닌 입자가 방출되기 때문이라는 것이다(그림 1-13). 그리하여 양자론적인 정보는 사라지고 최종적으로 복사라고 하는 열 현상으로 변환된다. 이것은 양자역학의 원리에 반한다는 문제가 있다.

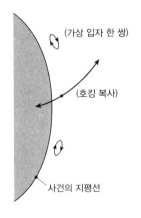

(가상 입자 한 쌍)

(호킹 복사)

사건의 지평선

그림 1-13 호킹 복사

우주가 탄생할 때는 반대로 인과관계가 특이점에서 나온다. 물리학 법칙으로 증명할 수 없는 무언가가 일어나는 것이다. 어떤 의미에서는 '신'의 역할을 말하는 것이기도 하다. 하지만 물리학자는 우주의 기원을 비롯한 모든 것을 물리학 법칙으로 증명하기를 원한다. '신'을 없애는 것이 과학의 역할이라고도 할 수 있다.

진동 우주와 특이점 정리

많은 연구자들이 특이점 없이 우주의 탄생을 설명하기 위해 노력했다. 그 첫 번째 발상이 진동 우주론이다. 우주가 약 100억 년 전까지 수축하다 극한의 밀도에서 팽창으로 돌아서면서 현재에 이르렀다는 것이다. 따라서 우주의 물질 밀도는 결코 무한하지 않으며 특이점에서 생겨난 것도 아니다. 우주에는 시작도 없고 끝도 없다. 말하자면, 우주는 윤회를 거듭하는 것이다.

우주는 수축하여 불덩어리로 되돌아간다. 그간의 진화로 만들어진 구조는 사라진다. 아쉽게도 전생의 기억은 남지 않는다. 불사조처럼 불덩어리를 향해 달려가던 우주가 아기 우주로 다시 태어나면서 새로운 우주의 역사가 시작된다. 그리고 이를 영원히 반복한다. 이 얼마나 아름다운 이론인가.

아무리 아름다운 이론도 현실에 의해 가차 없이 사라지곤 하는 것이 과학이다. 아쉽게도 진동 우주론은 실현될 수 없다는 것이 밝혀졌다. 그것을 밝혀낸 것이 젊은 시절의 스티븐 호킹과 로저 펜로즈였다. 그들은 1960년대 말 우주를 채우고 있는 물질에 대해 어떤 조건하에서는 필연적으로 특이점이 존재한다는 '특이점 정리'를 증명했다. 일단 수축을 시작해 빅 크런치를 향해 가는 우주가 다시 팽창으로 돌아서는 일은 불가능하다는 것이다. 블랙홀에 한번 들어가면 절대 빠져나올 수 없는 것과 마찬가지이다.

이처럼 상대성이론만으로는 우주의 탄생에 특이점이라는 문제가 남는다. 한편, 빅뱅 우주를 거슬러 올라가면 필연적으로 양자론을 적용해야 할 미시 물리학의 세계에 도달한다. 그런 의미에서 양자론을 우주 초기에 적용하려는 시도도 있다. 여기에 대해서는 따로 소개하도록 하겠다.

'신'이 존재하지 않는 우주 탄생론

내가 빅뱅 우주 연구를 시작한 1970년대만 해도 우주 탄생의 순간까지 거슬러 올라갈 수 있을 것이라고는 생각지 못했다. 물리학은 주어진 초기 조건에 대해 물질이나 시공간이 어떻게 운동하는지를 계산할 수 있을 뿐이다.

당시 나는 우주의 초기 조건은 물리학을 초월한 것이라고 생각했다. 아마 대다수 연구자들이 그렇게 생각하지 않았을까.

그런 시대였음에도 내가 우주론 연구를 시작한 것은, 우주 초기에 점점 더 가까이 다가갈 수 있는 물리학 도구가 발달했기 때문이다. 다음 장에서는 1980년대 비약적으로 발전한 '힘의 통일 이론'을 바탕으로 한 우주 탄생 연구를 소개한다. 그 안에서 '신'이 필요 없는 과학적 창세기가 그려진 것이다.

제2장
소립자와 우주
인플레이션이라는 열쇠

입자가속기 LHC의 둘레. 둘레 길이 27km의 입자가속기는 지하 100m 터널 안에 있다. 제네바 거리와 레만 호수가 보인다. ©CERN

20년 전 오스트리아 빈에서 열린 한 국제회의에 참석하게 된 나는 회의 기간 중 잠시 짬을 내 중앙묘지를 찾았다. 통계역학의 아버지라 불리는 L. 볼츠만을 만나기 위해서였다. 볼츠만이 잠들어 있는 묘에는 그의 위대한 업적 중 하나인 엔트로피의 정의식 'S = klogW'가 새겨져 있는 것으로 유명하다. 학자의 묘지 건너편에는 음악가의 묘지가 있다. 돌아가는 길에 잠시 들러본 베토벤의 묘비에는 자기 꼬리를 집어삼키려는 금빛 뱀이 빛나고 있었다. '우로보로스'였다. 이 그림에는 영원회귀, 파괴와 재생, 완전성 그리고 대립하는 것은 어딘가에서 이어지며 통일된다는 변증법 등의 다양한 의미가 있다. 베토벤의 묘에 왜 이런 그림이 그려져 있는지는 모르지만 엄숙하면서도 철학적 울림이 있는 그의 음악과 무척 잘 어울린단 생각이 들었다.

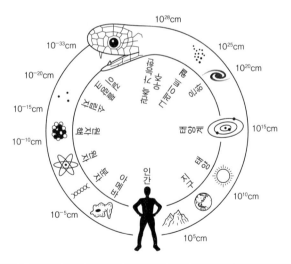

그림 2-1 우로보로스 그림을 이용한 표현. 극대의 우주가 극소의 소립자와 밀접한 관계를 맺고 있다.

소립자 이론의 연구자 S. 글래쇼는 이 우로보로스 그림을 이용해 물질 미시세계의 극한인 소립자와 거시세계의 극한인 전 우주의 밀접한 관계를 표현했다(그림 2-1). 뱀의 머리를 우주 전체로 하여 물질의 계층을 크기순으로 그리고 꼬리 부분에 소립자를 그렸다. 우주가 탄생할 때는 높은 온도 때문에 모든 물질이 소립자로 분해된다. 그렇기 때문에 빅뱅 우주 초기와 우주 탄생에 관한 연구에는 소립자 물리학이 빠질 수 없다. 글래쇼와 함께 1960~70년대에 활약한 S. 와인버그는 그의 저서 『최초의 3분』에서 소립자 물리학이 우주론 연구에서 중요한 역할을 할 것이라고 말했다. 이 책은 지금도 세계적인 명저로 남았다.

나는 1970년대 초, 초신성에서 방출되는 중성미자를 연구하기 위해 와인버그의 '힘의 통일 이론'을 공부했다. 그리고 그 이론으로 우주 초기에 대한 실로 흥미로운 예언이 가능하다는 것을 깨달았다. 그것은 우주 초기에 '진공의 상전이相轉移'가 일어나고 그로 인해 '힘의 진화'가 일어난다는 것 그리고 우주가 급격한 가속 팽창(인플레이션)을 일으켰다는 것이다.

인플레이션 이론은, 현대 우주론의 중요한 패러다임이 되었다.

먼저, 힘의 통일 이론에 대해 설명하기로 하자.

1. 힘의 통일 이론과 우주

아인슈타인의 꿈

1921년 양자역학의 선구격인 '광양자 가설'로 노벨상을 수상한 아인슈타인은 그 무렵부터 일반상대성이론의 틀을 넓혀 전자력(전기와 자기의 힘)까지 통합해 설명하는 이론을 꿈꾸었다. 일반상대성이론은 시공간의 왜곡으로 중력을 설명하는 이론이기 때문에 아인슈타인의 목표는 '중력과 전자력의 통일이론'을 완성하는 것이었다고 할 수 있다. 이러한 시도는 워낙 시기상조였기 때문에 성공에 이르진 못했지만 물질세계를 지배하는 힘을 하나로 통일하는 것은 이론물리학자의 꿈이며 오늘날에는 '아인슈타인의 꿈'이라고 불린다.

지금은 전자력이라고 하지만, 영국의 과학자 맥스웰이 오늘날 맥스웰 방정식이라고 불리는 방정식을 발견하기까지 전기의 힘과 자기의 힘은 별개라고 생각해왔다. 1831년 패러데이는 자기장이 변동할 때 도체에 기전력이 생기는 전자유도현상을 발견한다. 이 발견으로 전기와 자기의 관계가 하나 둘 밝혀지면서 1864년 맥스웰 방정식이 완성된다. 비로소 전기의 힘과 자기의 힘이라는 두 힘이 전자력이라는 하나의 힘으로 통일된 것이다.

원자핵 안에서 작용하는 힘

1970년대에 통일하고자 했던 것은, 중력과 전자력이 아닌 전자력과 '약력'이라고 불리는 힘이었다.

20세기 전반 원자핵물리학이 발전하면서 원자핵 안에서 작용하는 '약력'과 '강력'의 두 가지 힘을 발견했다. 처음에는 '약한 쪽의 힘', '강한 쪽의 힘'으로 불리다 '약력', '강력'이라는 용어로 정착했다.

약력이란, 원자핵이 베타 붕괴를 일으켜 베타선이라는 방사선

(그 정체는 전자)을 방출할 때 나오는 힘이다. 이 과정에서 원자핵 안의 중성자 하나가 양자로 바뀌는 동시에 전자와 중성미자를 방출한다. 이 힘의 특징은 힘의 도달 거리가 10^{-15}센티미터로 지극히 짧다는 것이다. 그 이상 멀어지면 힘은 거의 미치지 않는다. 중성미자는 약력에만 반응하는 소립자이기 때문에 인간의 몸은 물론 지구나 태양과도 거의 충돌하지 않고 빠져나간다. 이처럼 다른 힘에 비해 실질적으로 작용하는 힘이 적기 때문에 일상생활에서는 거의 눈에 띄지 않는다. 하지만 태양이 빛을 내는 핵반응을 일으키는 데 없어서는 안 될 힘이며 자연을 존재케 하는 중요한 힘의 하나이다.

한편, 강력은 유카와 히데키湯川秀樹가 노벨물리학상을 수상한 (1949년) 연구의 대상이 되었던 힘이다. 원자핵 안에는 양자와 중성자가 강하게 뭉쳐 있다. 원자핵은 그 크기가 원자의 1000분의 1 이하인 극소의 영역이다. 양자는 양의 전하를 가지고 있으며 밀어내는 성질이 있기 때문에 그보다 강한 인력이 없으면 원자핵은 존재할 수 없다. 1934년 유카와는 양자와 중성자를 결합하는 힘은, 파이중간자라고 하는 미지의 입자가 매개한다는 이론을 전개했다. 실제 제2차 세계대전 이후 파이중간자가 발견되면서 유카와의 이론이 증명되었다.

강력의 정체는 실은 '색력色力'이라고 불리는 힘이다. 1970년을 전후로 양자와 중성자 그리고 파이중간자도 '쿼크'라는 입자로 만들어졌다는 것이 밝혀진다. 현재는 쿼크에 작용하는 '색력'으로 인해 양자와 중성자에 작용하는 강력이 생긴다고 알려져 있다.

'파이중간자가 강력을 매개한다'고 했는데 '입자가 힘을 매개한다'는 표현은 양자론적 관점이다. 미시세계에서는 입자 하나하나의 상호작용으로 힘이 전달된다. 전자력을 전달하는 것은 '광자'라는 빛의 입자이다. 광자의 질량은 0이며 힘은 무한대로 전달된다. 힘을 전달하는 입자의 질량이 클수록 힘이 전달되는 거리는 짧아진다. 강력이 전달하는 것은 원자핵 크기 정도이기 때문에 유카와는 파이중간자의 질량을 약 100메가전자볼트(메가는 10^6)로 예측했다(전자볼트는 에너지의 단위이지만 상대성이론에 의해 질량으로 환산된다. 양자의 질량은 938메가전자볼트). 한편, 약력을 전달하는 입자는 힘의 도달 거리가 더욱 짧기 때문에 질량이 매우 큰 약 100기가전자볼트(기가는 10^9)로 예상된다.

네 가지 힘

20세기 전반 '약력'과 '강력'이 알려지면서 자연계에 존재하는 기본 힘은 약력, 강력, 중력, 전자력의 네 가지가 되었다(그림 2-2). 아인슈타인이 중력과 전자력에 대해 예상한 것처럼 다른 힘도 그 기원에 대해 설명할 수 있을지 모른다. 이 네 가지 힘이 어떤 관계가 있는 것은 아닐까. 만약 그 관계를 알면, 네 가지 힘을 하나의 힘으로 인식할 수 있다. 이론물리학자의 꿈은 모든 힘을 통일하는 '궁극의 이론'을 찾아내는 것이다.

1970년대 이러한 상황에서 등장한 것이 와인버그와 살람의 힘의 통일 이론이다. 다만, 네 가지 힘을 한 번에 통일한 것이 아니라 첫 단계로 전자력과 약력의 통일 이론을 완성했다. 이 이론은 '와인버그·살람 이론'이라고 불리는데, 와인버그와 거의 동시기에 파키스탄의 이론물리학자 아부두스 살람이 완전히 독립적인 연구

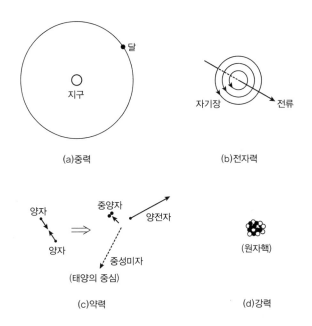

(a)중력

(b)전자력

(c)약력

(d)강력

달

지구

자기장

전류

양자

양자

중양자

양전자

중성미자

(태양의 중심)

(원자핵)

그림 2-2 네 가지 힘. (a) 중력, (b) 전자력, (c) 약력, (d) 강력.

를 통해 같은 이론을 제창한 것이다. 이 두 사람은 글래쇼와 함께 1979년 노벨물리학상을 수상한다.

와인버그·살람 이론은 하나의 힘이 어떻게 전자력과 약력으로 나뉘는지를 설명한다. 이 통일 이론은 우주 초기에 매우 큰 의미를 갖는다. 통일 이론이 '진공의 상전이'라는 개념을 바탕으로 구축되었기 때문이다.

2. 진공의 상전이와 힘의 분기

'진공의 상전이'라는 개념이 바탕이 된 힘의 통일 이론에 대해 최대한 쉽게 설명해보기로 하자.

진공의 요동

와인버그·살람 이론에서는 본래 하나였던 힘이 둘로 나뉜 것은 '진공의 상전이'가 일어났기 때문이라고 말한다. 상전이란, 물이 얼음이 되듯 물질이 온도 등의 변화에 의해 전혀 다른 상태가 되는 것을 말한다.

아무것도 없는 진공이 어떻게 상전이를 일으킨단 말인가? 그것은 양자론과 관계가 있다.

흔히 '진공'이라고 하면 아무것도 없는 텅 빈 공간을 생각하기 쉽지만 양자론적인 관점에서는 결코 그렇지 않다. 그림 2-3a의 상자를 우주공간이라고 생각해보자. 이 상자 안에서 공기를 뺀 상태를 우리는 진공이라고 부른다. 하지만 양자론에서 생각하는 진공은 그림 2-3b와 같다. 아무것도 없는 공간에 전자와 양전자 쌍이 짠하고 나타났다 서로 합체해서 사라진다. 이 같은 생성과 소멸이 반복되는 상태가 진공이다. 양자론에 따르면, 진공은 완전한 '무無'가 아니다. 거기에는 반드시 '요동'이 존재하기 때문이다. 이 '요동'의 정체는 물질과 반물질이 생성하고 소멸하는 상태로, 이것이 진공이다.

양전자는 전자의 반물질로, 에너지를 가하면 실제 전자와 쌍으로 생겨나기도 한다. 또 실제 존재하는 전자와 양전자도 가까워지

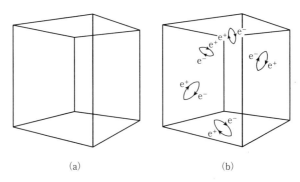

그림 2-3 고전론의 진공(a)은 무의 상태이지만 양자론의 진공(b)은 미시 입자쌍(전자 e⁻와 양전자 e⁺)이 생성·소멸한다.

면 서로 결합해서 사라지고 그 에너지는 감마선(광자)으로 방출된다. 이러한 실제 과정과 진공이 다른 점은, 진공에서는 에너지를 가하지 않는 한 실제 전자와 양전자 쌍을 검출할 수 없다는 것이다.

양자론에서는 에너지가 가장 낮은 상태를 진공이라고 부른다. 그것은 결코 '무'가 아니다. 앞에서는 전자·양전자 쌍을 예로 들었지만 모든 입자가 반입자와 쌍으로 생겨났다가 사라지는 것이 진공이다. 생성과 소멸은 물리법칙을 따른다. 즉, 진공도 물리적인 실체로서 상전이를 일으킨다 해도 전혀 이상할 것이 없다.

그렇다면 '진공의 상전이'란 무엇인가. 와인버그·살람 이론의 진공의 상전이는 초전도로 유추할 수 있다. 물질이 저온에서 전기저항을 갖지 않는 특이한 '초전도 상태'로 바뀌는 것이 초전도의 상전이이다. 힘의 분기는 진공의 '상전도 상태'와 '초전도 상태'에서 힘의 도달 거리가 바뀌기 때문에 일어난다.

초전도의 상전이

니오브라는 금속의 온도를 점점 낮춰 절대온도 9도(섭씨 −264도)보다 낮게 만들면, 갑자기 전기 저항이 사라진다. 이 초전도 현상은 1911년 네덜란드의 물리학자 카멜링 오네스가 발견했다(그 후, 다양한 물질에서 초전도 현상이 관찰되었으며 1980년대에는 금속 산화물이 절대온도 30도 이상의 '고온'에서도 초전도를 일으켜 크게 주목받았다).

초전도를 설명하는 이론은 '긴즈부르크·란다우 이론'이라고 부른다.

먼저, 저온의 물질(예컨대 니오브) 안에서 전자가 느슨하게 결합하여 쌍을(쿠퍼쌍이라고 부른다) 이룬다. 쿠퍼쌍이 많으면 초전도가 일어나는데 온도가 높을 때는 쿠퍼쌍이 없는 상태가 가장 자유에너지가 낮다(물질은 자유에너지가 극소가 되는 상태로 움직인다). 이것이 상전도 상태로, 보통 금속의 상태이다(그림 2-4a).

한편, 특정 온도(임계온도라고 한다) 이하로 냉각하면 쿠퍼쌍이 어느

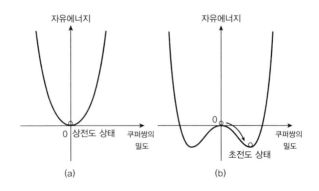

그림 2-4 초전도 이론. 온도가 임계온도보다 낮으면 쿠퍼쌍이 생성된 초전도 상태가 더 안정적이다.

50

정도 존재하는 편이 자유에너지는 낮다(그림 2-4b). 임계온도에서는 상전도 상태에서 초전도 상태로 이동한다. 이것이 초전도의 상전이다.

이상이 '긴즈부르크·란다우 이론'의 요지이다.

이처럼 상전이로 인해 힘이 작용하는 방향이 바뀌는 것을 '마이스너 효과'라고 하는 현상을 예로 들어 설명할 수 있다.

마이스너 효과란, 초전도체에 자장을 걸면 그 안에 '자관'이라고 하는 가느다란 관과 같은 구조가 생기면서 그 안에 자력선이 갇히는 현상이다. 자관의 크기는 물질에 따라 다르지만 0.1마이크로미터 정도이다.

이것이 무엇을 의미하는가 하면, 전자력을 전달하는 광자가 미치는 거리가 짧아졌다는 것이다. 양자론에서 전자력을 전달하는 것은 광자라는 입자이며 보통 광자의 질량은 0이기 때문에 전자력(예컨대 쿨롱력)은 무한대로 전달된다. 초전도체 안에서 전자력이 미치는 거리가 짧아졌다는 것은 광자가 일정한 질량을 갖게 된 것이라고 해석할 수 있다. 광자가 쿠퍼쌍과 상호작용을 하면서 질량을 갖게 된 것이다. 즉, 초전도라는 상전이에 의해 힘을 매개하는 소립자의 성질이 완전히 바뀐 것이다.

약력의 탄생

와인버그와 살람은 현재의 진공이 약력에 대해 '초전도 상태'가 되었다고 생각했다. 니오브에 초전도를 일으킨 전자의 쿠퍼쌍에 대응하는 것이 이 이론에서는 힉스 입자라고 불리는 가상의 입자장(힉스장)이다.

앞서 초전도체 안에서 광자가 질량을 갖는다는 해석에 대해 설명했다. 힘을 전달하는 입자의 질량이 크면 도달 거리가 짧고 힘은 약해진다. 현재의 진공이 '약력에 대해 초전도 상태가 되었다'는 것은, 힉스장(니오브 안의 쿠퍼쌍에 대응한다)이 0이 아닌 유한한 질량을 갖고 힘의 상호작용을 통해 약력을 전달하는 입자(니오브 안의 광자에 대응한다)가 커다란 질량을 갖게 된 상태라는 것을 의미한다.

'하나의 힘'이 있다고 하자. 이 힘을 전달하는 입자는 복수이며 모든 입자의 질량은 광자와 마찬가지로 0이다. 그런데 힉스장과 상호작용을 통해 진공의 상전이가 일어나면서 질량을 갖게 된다. 한편, 힉스장과 상호작용이 없으면 질량은 그대로 0이다. 전자는 약력이 되고 후자는 전자력이 된다. 이렇게 '하나의 힘'은 약력과 전자력으로 분기한다.

와인버그·살람 이론은 약력을 매개하는 중입자로 W입자와 Z입자를 예언했다. W입자는 음과 양의 전하를 갖고 Z입자는 전하가 없다. 질량은 둘 다 양자의 약 100배에 달한다. 이들 입자는 1980년대 초대형 입자가속기를 이용한 실험으로 확인되면서 와인버그·살람 이론은 확고한 '표준모형 이론'으로 불리게 되었다.

그림 2-4b와 같이, 쿠퍼쌍의 수가 0이 되면 불안정하고 유한한 값을 갖는 상태가 안정적이 되면서 실현되는 현상을 '대칭성의 자발적 깨짐'이라고 한다. 쿠퍼쌍의 수가 0인 상태(중립적이며 대칭 상태)에서 특정 값을 갖는 상태(비대칭 상태)로, 자발적으로 이동하기 때문에 이렇게 불린다. 와인버그·살람의 이론에서 힉스장이 0인 상태가 불안정해지면서 유한한 값이 되는 현상도, 이 대칭성의 자발적 깨짐에 의한 것이다.

초전도에서 힌트를 얻어 진공의 '대칭성의 자발적 깨짐'에 의해 소립자가 질량을 갖게 되는 것은 와인버그·살람 이론보다 수년 앞선 1960년대 초 난부 요이치로南部陽一郎가 선구적으로 제시했다. 그 밖에도 난부는 색력 이론과 오늘날 초끈 이론의 원형이 된 '소립자의 현 이론'을 제창하는 등 수많은 업적을 남겼으며 2008년에는 '대칭성의 자발적 깨짐 구조의 발견'으로 노벨물리학상을 수상했다.

진공의 상전이가 일어난 것은 온도가 1000조 도(10^{15}도, 에너지로 환산하면 약 100기가전자볼트)에 달하는, 우주 탄생 직후의 10^{-11}초의 시기이다. 빅뱅 이론에서 논하던 원소 합성의 시대보다 훨씬 이전인 셈이다.

상전이가 일어나기 전의 고온의 우주에서는 전자력과 약력이 하나의 힘이었다. 이 시대에는 약력도 전자력처럼 무한대까지 미치는 힘이었다. 우주가 팽창해 1000조 도까지 온도가 내려갔을 때(물론, 지극히 짧은 시간이기는 하지만) 진공의 상전이가 일어났다. 우주가 '초전도 상태'가 되면서 약력을 매개하는 입자가 굉장히 큰 질량을 얻게 되고 힘의 전달 거리는 매우 짧아졌다. 그로 인해 현재의 우주에서 이 힘은 약한 힘 즉 '약력'이 되어버린 것이다.

와인버그·살람 이론은 '전약 통일 이론'이라고도 불린다. 전자력과 약력의 근본이 된 힘은 '전약력' 혹은 '전약 상호작용'이라고 부른다(힘을 상호작용이라고 한다).

힘의 대통일과 양자 붕괴

전약 상호작용이 실험을 통해 검증되기에 앞서 1970년대에는 이 전약 상호작용과 강력을 통일하는 '대통일 이론' 연구가 활발했다.

대통일 이론은 전약 상호작용의 상전이 온도보다 훨씬 온도가 높은 과거의 지점에서 상전이가 일어나 전약 상호작용과 강력의 분기가 일어났을 것이라는 이론이다. 대통일 이론의 상전이는 우주가 탄생한 직후인 10^{-36}초, 온도로 말하면 10^{28}도(에너지로 환산하면 10^{15}기가전자볼트)의 고온의 시대에 일어났을 것으로 보인다. 이 진공의 상전이를 일으킨 입자는 와인버그·살람 이론의 힉스 입자와 같은 것은 아니지만 똑같이 힉스 입자라고 불린다.

대통일 이론의 놀라운 예언이라면, 안정적이라고 여겼던 양자도 붕괴한다는 것이다.

우주 안에서 양자나 중성자는 반입자와 쌍으로 생겨나거나 반응에 의해 다른 입자로 바뀌기는 하지만 단독으로 생성되거나 소멸하지는 않는다. 이를 '바리온 수의 보존'이라고 한다. 구체적으로는 양자·중성자 등의 수를 바리온 수라고 하고 반양자·반중성자 등을 바리온 수 −1로 정의하면 지금까지의 실험에서는 어떤 과정에서도 바리온 수의 총화는 변하지 않는다. 그런데 대통일 이론은 바리온 수의 보존은 성립하지 않으며 그 결과 양자도 붕괴한다고 예언한다. 바리온 수가 보존되지 않는 것은 양자·중성자를 구성하는 쿼크(바리온 수 1/3)와 전자(바리온 수 0)가 바뀌는 과정이 존재하기 때문이다.

'힘의 대통일' 시대 즉, 전약 상호작용과 강력이 분기하기 이전에는 쿼크와 전자·양전자가 서로 바뀌었다. 이 힘이 현재의 우주에 남아 있을 가능성이 있다. 이 힘을 매개하는 입자가 커다란 질량을 갖게 되었기 때문에(전달 거리가 매우 짧고 약력보다 더 약하다) 오늘날 자연계에는 거의 나타나지 않는 것이다. 현재의 네 가지 힘에 의해 쿼크와 전자가 바뀌는 일은 없지만 이 힘이 작용하면 안정적이라고 생각했던 양자의 붕괴가 예상된다. 쿼크가 더 가벼운 전자·양전자 등으로 바뀌기 때문이다. 양자는 마지막으로 양전자와 중성미자로 붕괴될 것이라고 예상된다.

단, 가장 단순한 대통일 이론에서도 양자의 수명은 10^{29}년으로 보고 있다. 이것은 현재의 우주 나이(10^{10}년)보다 훨씬 길다! 이처럼 긴 시간에 일어나는 현상을 지상에서 관측하기란 불가능하다고 생각할 수 있지만, 그렇지 않다.

양자 붕괴 현상을 설명하기 위해 1983년 일본 기후岐阜 현의 가미오카神岡 광산 지하에는 거대한 물탱크에 다수의 광전자 증배관을 부착한 실험 장치 '가미오칸데'가 설치되었다. 가미오칸데란 'KAMIOKA Nucleon Decay Experiment'라는 영어명을 줄여서 만든 명칭으로(Nucleon Decay＝핵자核子 붕괴) '가미오카 핵자 붕괴 검출 장치'라는 뜻이다. 물속에 있는 원자핵에 포함된 양자가 붕괴하면 그때 생긴 입자가 물속에서 빛을 발하는데, 이 빛을 검출하기 위한 장치이다.

1987년 2월 가미오칸데는 대마젤란운에 초신성(SN1987A)이 탄생하면서 날아온 중성미자를 관측해 크게 화제가 되었다(그림 2-5). 양자 붕괴를 관측하기 위한 장치는 실은 중성미자 반응을 검출하는 장치이기도 했던 것이다. 이 관측으로 중성미자로 우주를 관측하는 '중성미자 천문학'이라는 분야가 창시되었다.

현재 가미오카에서는 가미오칸데를 더 크게 만든 '슈퍼 가미오

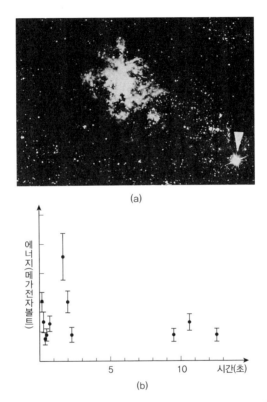

(a)

(b)

그림 2-5 초신성 SN1987A. (a) 오른쪽 아래의 밝은 상이 SN1987A. 세로톨롤로 천문대 촬영(노모토
하루요野本陽代 『초신성 폭발의 기록ドキュメント 超新星爆発』 중에서). (b) 가미오칸데로 관측한 중성미자.

칸데'가 가동되고 있다(제4장의 첫머리 사진 참조). 하지만 아직까지 양자
붕괴는 발견되지 않고 있다. 붕괴가 관측되지 않았기 때문에 양자
의 수명은 적어도 10^{33}년보다 길다는 것을 알 수 있다. 이론적인
예측은 다양하지만 초대칭성을 가정한 이론(초 대통일 이론)에서는 양
자의 수명이 10^{33}년을 뛰어넘을 것이라고 예언한다. 강력과 전약

력이 통일된다면, 양자는 반드시 붕괴할 것이다. 그 발견은 물리학계에 획기적인 업적이 될 것이다.

왜 우주에는 반물질이 없을까

'반물질'이라고 하면 공상과학 소설을 떠올리는 사람도 있겠지만, 반물질은 분명히 존재한다. 수소 원자가 양자 1개와 전자 1개로 이루어졌듯 반양자 1개와 양전자 1개로 이루어진 '반수소 원자'도 실제 실험실에서 만들어지고 있다. 양자·중성자·전자로 이루어진 물질과 마찬가지로 반양자·반중성자·양전자로 이루어진 반물질도 존재할 수 있는 것이다. 하지만 우리가 사는 우주는 물질로 이루어졌고 반물질로 이루어진 별이나 은하는 아직 발견되지 않았다.

소립자는 우주 초기에 만들어졌는데, 그때 물질 입자나 반물질 입자 중 어느 한 쪽이 더 많이 생길 이유는 없다. 우주의 바리온 수(앞서 이야기한 '힘의 대통일과 양자 붕괴' 참조)는 0이기 때문이다. 하지만 실제 우주는 물질로 이루어졌고 바리온 수는 양인 것처럼 보인다. 이것을 '우주의 바리온 수 문제' 또는 '물질·반물질 비대칭성 문제'라고 부른다.

이 문제를 풀 열쇠는, 바리온 수 보존 법칙이 붕괴되는 대통일 이론에 있다. 놀랍게도 대통일 이론이 등장하기 전인 1967년 소련의 A. 사하로프는 우주에서 바리온 수가 생성되려면 세 가지 조건이 필요하다는 것을 밝혀냈다.

이 세 가지 조건이란 (1)바리온 수 보존을 깨뜨릴 반응이 존재할 것 (2)'C대칭성' 및 'CP대칭성'이 깨져 있을 것 (3)우주에서 이

반응이 일어날 때 비열평형 상태일 것이라는 세 가지이다.

C대칭성은 하전 공역荷電共役 대칭성이라고도 불리며, 입자의 전하를 반대로 해도 전자장의 방향이 역전하면 같은 물리법칙을 따른다는 대칭성을 말한다. 대통일 이론에서는 C대칭성이 깨졌다.

또 다른 대칭성으로 P대칭성(패러티 대칭성이라고도 한다)이 있으며 이것은 입자의 운동을 거울에 비쳤을 때에도 같은 물리법칙을 따른다는 대칭성이다.

두 번째 조건의 'CP대칭성'이란 C와 P의 두 가지를 동시에 조작하면 같은 물리법칙을 따른다는 대칭성이다. 이 CP대칭성은 약한 상호작용에서 깨지는 것이 실험적으로 밝혀졌다. 1973년 쿼크가 세 종류밖에 발견되지 않았을 시대에 만약 여섯 종류가 존재하면 CP대칭성의 깨짐이 이론적으로 가능하다는 것을 밝혀낸 것이 2008년 노벨물리학상을 수상한 고바야시 마코토小林誠와 마쓰카와 도시히데益川敏英의 이론이다. 그 후 참(1974년), 보텀(1977년), 톱(1995년)의 쿼크가 발견되면서 그들의 예언대로 여섯 종류가 되었다.

대통일 이론은 우주의 바리온 수 문제를 해결할 가능성을 처음으로 제시했지만 해결에 이르지는 못하고 현재는 더욱 복잡한 과정의 연구가 이루어지고 있다. 하지만 사하로프의 세 가지 조건이 여전히 유효한 걸 보면 그의 선구성에 감탄하지 않을 수 없다. 사하로프는 구소련에서 수소폭탄 개발에 참여해 '수소폭탄의 아버지'라고 불린다. 그 후, 인권활동을 하며 반체제 운동가로서 탄압을 받기도 했다.

플랑크 시간

'힘의 대통일' 이전으로 힘의 분기를 더욱 거슬러 올라가면 네 가지 힘 중에서 마지막으로 남은 그리고 가장 약한 힘인 중력의 분기에 도달할 것이다. 그 상전이가 일어나는 온도는 10^{32}도(10^{19}기가전자볼트), 시간으로 하면 우주 탄생 직후 10^{-44}초라는 지극히 짧은 시간이다.

우주의 탄생에서부터 현재까지의 시간을 거슬러 올라가보자(그림 2-6).

우주가 탄생했을 때, 이 세상에는 한 가지 힘만이 존재했다. 먼저, 중력이라는 힘이 생겨났다. 온도가 더 내려가면서 대통일 이론에 대응하는 힘이 생겨나고 거기에서 강력이 분기했다. 그리고 얼마 지나지 않아 약력과 전자력이 분기했다. 현재 우리의 우주를 지배하는 네 가지 힘이 생겨난 것이다.

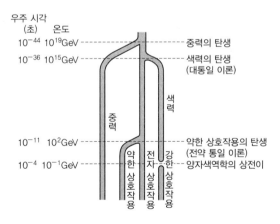

그림 2-6 힘의 진화. GeV(기가전자볼트)는 에너지의 단위로 1GeV는 온도로 하면 약 10^{13}도(10조도)에 상당한다.

10^{-44}초라는 시간을 물리학계에서는 '플랑크 시간'이라고 부른다. 이것은 중력 상수, 양자론의 플랑크 상수, 빛의 속도라는 세 가지 기본 상수를 조합해서 나온 값이다. 물리적으로는 중력의 양자론적 효과가 나타나는 시간 스케일이다. 플랑크 시간은 우주의 탄생과 거의 같은 의미를 갖는다. 다시 말해, 우주의 탄생과 거의 동시에 중력이 분기했을 것이라고 보는 것이다.

또 위의 세 가지 기본 상수로 얻은 에너지 값은 '플랑크 에너지'라고 불리며 10^{19}기가전자볼트이다. 이것은 플랑크 시간 당시 우주의 온도에 대응한다. 마찬가지로 '플랑크 길이'도 정의되었으며 그 길이는 10^{-33}센티미터이다. 이를 플랑크 스케일이라고 통칭하는데 플랑크 스케일보다 짧은 길이 혹은 더 큰 에너지에서는 중력의 양자 효과가 더욱 뚜렷해지는 것으로 여겨지며 현재 알려진 물리법칙은 적용되지 않는다.

여기 소개한 '우주에서의 힘의 진화'라는 묘사는 1970년대 말 대통일 이론을 바탕으로 떠올려본 것이다. 실은 그림 2-6의 '힘의 진화도'는 1978년 사토 후미타카佐藤文隆 씨와 내가 잡지 『자연自然』에 기고한 것으로, 아마도 세계 최초였을 것이라고 생각된다. 이후 다양하게 변형되면서 세상에 널리 알려졌다. 전약 통일 이론을 제창한 와인버그가 처음 그렸을 법도 하지만 그의 저서 『최초의 3분』(1977년)에는 전혀 언급되지 않는다. 나로선 커다란 의문을 품지 않을 수 없다.

플랑크 시간부터 힘의 진화를 설명하는 이론이 완성된다면, 그 야말로 아인슈타인의 꿈이 이루어지는 것이다. 현재 모든 힘의 통일 이론으로 가장 기대를 모으고 있는 것은 초끈 이론이다. '궁극의 이론'이라 불리는 초끈 이론에 대한 해설이며 최근 진행되고 있는 우주론에 관한 흥미로운 연구 등은 제5절 '브레인 우주'에서 다시 다루기로 하고 이제 와인버그·살람 이론과 초기 우주의 관계에 대해 살펴보자.

3. 인플레이션——초기 우주의 급팽창

통일 이론이 예언하는 진공의 상전이는 우주의 역사에 어떤 영향을 미치는 것일까. 단순히 우주 초기에 힘의 분기를 일으킨 것 뿐일까.

1970년대에 힘의 통일 이론과 우주론의 관계를 깨달은 연구자는 세계적으로도 거의 드물었다고 생각한다. 내가 우주론에 진공의 상전이를 응용해 오늘날 인플레이션 이론이라고 불리는 이론에 도달한 것은, 당시 내가 우연히 초신성 연구를 하고 있었기 때문이다. 그때 중성미자 이론으로 공부했던 와인버그·살람 이론은, 진공의 상전이라는 놀라운 발상이 바탕이 된 힘의 통일 이론이었다. 진공의 상전이가 우주에도 뭔가 커다란 흔적을 남겼을 것이라는 생각이 든 나는, 다양한 가능성을 찾는 연구에 몰두했다.

초신성과 통일 이론

초신성이란, 별이 진화하는 마지막 단계에 찾아오는 대폭발이다. 내가 연구하던 것은 '중력 붕괴형'으로 불리는 초신성이었다.

별은 천연 핵융합로이다. 별의 중심부에서는 수소를 비롯한 중원소가 잇따라 만들어지는데 이때 발생하는 에너지가 빛으로 바뀌어 우주 공간에 방출된다. 질량이 태양의 10배가 넘는 별에서는 핵반응이 진행되면서 중심에 철심이 형성된다. 그 바깥쪽에는 규소, 산소, 탄소, 헬륨, 수소 층이 생기면서 마치 양파껍질과 같은 구조가 된다. 중심부의 철은 말하자면, 핵반응 후 남은 재로서 계속 쌓여간다. 재가 쌓일수록 밀도가 높아지다 급기야 스스로의 무게로 급격히 수축한다. 이 급격한 수축이 중력 붕괴 현상이다. 그 결과, 별의 중심에는 한 스푼의 질량이 10억 톤이나 되는 중성자별이 생겨난다. 당시에도 여기까지의 과정은 밝혀졌었지만 폭발의 구조가 확실치 않았다.

중력 붕괴의 에너지가 별의 바깥층을 폭발시키는 것은 틀림없는데, 수치 실험에서는 폭발이 일어나지 않았다. 그 이유는 갓 태어난 뜨거운 중성자별이나 그 주위에서 중성미자가 방출되어 폭발에 쓰일 에너지를 가져가버리기 때문이라고 생각했다. 당시의 수치 실험에서는 불과 0.1초도 안 되는 시간에 중성미자가 방출되었다.

이 문제로 고민하던 나는 당시 교토京都대학의 조수였던 마쓰카와 도시히데 씨에게 상담을 했다. 그러자 그는 중성미자가 '중성류中性流 상호작용'이라는 반응을 한다고 예언하는 이론을 알려주었다. 그것이 와인버그·살람의 이론이었던 것이다. 중성류 상호작용은 실험적으로 확인된 것은 아니었지만 만약 존재한다면 중성미자가 별의 바깥층과 강하게 반발해 내부에 갇히는 효과가 일어나면서 엄청난 폭발이 일어날 수 있다. 그렇게 나는 고작 10초 정도지만, 중성미자가 갇힌다는 이론을 만들 수 있었다. 12년 후

마젤란성운에 일어난 초신성 폭발 당시 가미오칸데가 관측한 중성미자의 버스트 시간은 약 10초(그림 2-5)로, 내 이론과 일치했다.

그렇다면 이제 초기 우주와 진공의 상전이에 관한 이야기로 돌아가자.

진공 에너지

다양한 시도를 하던 중 깨달은 것은, 이 상전이가 1차 상전이라면 우주의 역사를 크게 바꿔놓을 것이라는 점이다. 1차 상전이란, 온도가 임계온도까지 낮아져도 바로 상전이가 시작되는 것이 아니라 상전이가 잠시 지연되는 것이다.

물은 임계온도 즉, 섭씨 0도에서 상전이를 일으켜 얼음이 된다고 알고 있지만 실은 천천히 생각하면 온도가 0도가 되어도 금방 얼음이 되진 않는다. 이 상태를 과냉각 상태라고 한다. 계속해서 천천히 냉각하면, 더는 버티지 못하고 단번에 얼음이 된다. 이때 물 1그램당 80칼로리의 잠열이 방출된다. 이 현상을 열역학 용어로는, 대량의 엔트로피가 발생하는 비평형非平衡 상전이라고 말한다.

물과 얼음의 상태를 비교하면, 섭씨 0도에서는 얼음일 때 자유에너지가 낮기 때문에 상전이가 일어나야 하지만 자세히 들여다보면, 이 두 상태 사이에 작은 장벽이 있다. 이 장벽 때문에 상전이가 늦어지는 것이다. 반면에 물 흐르듯 진행되는 상전이도 있는데, 온도가 임계온도보다 내려가면 자연스럽게 상전이가 진행되고 열이 발생하거나 상전이가 늦어지는 일도 없다. 이러한 상전이를 2차 상전이라고 한다.

나는 대통일 이론이 예언하는 우주의 온도 10^{28}도에서 일어나는 상전이가 1차 상전이일 경우 우주의 진화가 어떻게 바뀔지를 조사했다. 일단, 상전이가 늦어지면서 우주는 과냉각을 일으킨다. 하지만 상전이가 일어나지 않기 때문에 진공 에너지는 여전히 높은 상태이다. 진공이 상전이를 일으키기 전의 우주는 현재의 진공보다 에너지가 높다. 이 에너지의 차이를 '진공 에너지'라고 부른다.

진공 에너지는 아인슈타인이 도입한 우주항과 수학적으로 동일한 효과를 갖는다. 우주항은 제1장에서 이야기했듯이 영원히 수축도 팽창도 하지 않는 정적인 우주 이론을 만들기 위해 아인슈타인이 도입한 상수이다. 팽창 우주가 발견되면서 아인슈타인 스스로 철회한 우주항이 다시 부활한 것이다.

상전이가 일어나면, 진공 에너지는 우주 안에서 중요한 에너지가 된다. 진공 에너지로 가득 찬 우주에 대한 아인슈타인 방정식을 풀어본 결과, 우주는 매우 급격한 팽창을 일으켰다.

우주의 '지수 함수적' 급팽창

진공 에너지는 우주항과 마찬가지로 공간을 밀어내는 척력으로 작용한다. 우주 초기에는 통일 이론에서 예언한 진공 에너지에 의해 거대한 척력이 발생하면서 급격한 팽창이 일어났다. 급격한 팽창이란, 과학적으로는 '지수 함수적'인 팽창이다. 지수 함수란, 수치가 기하급수적으로 커지는 함수이다. 우주가 소립자와 같은 작은 크기에서 시작되었다고 하자. 수소원자의 중심에 있는 양자의 반경은 10^{-15}미터이다. 우주가 최초에 이 양자의 크기였다가 폭발적으로 커지는 과정을 100번 반복하면 그 크기는 태양계를 초월하고, 140번 반복하면 현재 관측되는 우주의 크기를 넘어선다.

진공 에너지의 놀라운 특징은, 우주의 부피가 얼마나 커지든 에너지 밀도는 항상 일정하다는 것이다. 우주 전체의 진공 에너지는 '부피×진공 에너지 밀도'이기 때문에 부피가 급팽창함으로써 우주 전체의 에너지는 기하급수적으로 증가한다.

진공 에너지가 존재하는 진공 자체는 흡사 고무처럼 늘어났다가 원래대로 돌아가려는 음의 압력을 가진다. 진공이라는 고무를 크게 늘려 에너지를 증대시킨 것은 우주의 팽창이며 이 에너지는 우주의 팽창에서 왔다. 다시 말해, 진공 에너지는 아인슈타인 방정식을 통해 급격한 우주 팽창을 일으킴으로써 스스로의 모든 에너지를 증대시킨다. 이러한 구조는 단순히 작은 우주의 공간적 크기를 확대한 것뿐 아니라 우주 내부에 에너지를 만든 것이다.

급팽창이 빅뱅을 일으킨다

'에너지를 만든다'고 하면, 이 시나리오가 물리학의 기본법칙인 '에너지 보존법칙'에 위배된다고 생각할 수도 있다. 기본이 되는 일반상대성이론과 통일 이론은 모두 에너지 보존법칙을 따르고 있으며 이 시나리오도 에너지 보존법칙을 위반하지 않는다. 이는 중력 퍼텐셜potential 안에서 물체가 낙하할 때, 운동 에너지가 증대하는 현상으로 유추할 수 있다. 이때 운동 에너지가 증대하는 것은, 동시에 물체의 퍼텐셜 에너지가 감소하기 때문이다. 두 에너지의 총합은 일정하며 에너지 보존법칙이 성립한다. 우주가 급팽창할 때는, 우주 팽창을 기술하는 방정식 안에서 중력 퍼텐셜에 대응하는 항이 급격히 감소해 에너지 보존법칙이 성립하는 것이다.

우주의 급격한 가속 팽창이 언제까지고 계속되는 것은 아니다.

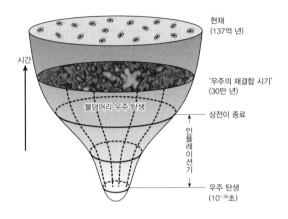

현재
(137억 년)

'우주의 재결합 시기'
(30만 년)

상전이 종료

우주 탄생
(10^{-36}초)

시간

불덩어리 우주 탄생

인플레이션기

그림 2-7 급팽창이 빅뱅을 일으킨다.

진공의 상전이가 끝남과 동시에 기하급수적으로 늘어난 진공 에
너지는 잠열로 방출되며 보통의 열에너지가 된다. 이것은 수증기
가 물이 되거나 물이 얼음이 되는 것과 마찬가지이다. 이 에너지
로 인해 쿼크, 렙톤, 광자 등의 소립자가 생성되고 과냉각 상태의
우주에서 일거에 불덩어리 우주가 태어난다. 빅뱅 우주가 도래한
것이다(그림 2-7). 상전이가 끝나면, 진공 에너지는 열에너지가 되
어 사라진다.

급팽창이 얼마나 더 이어지다 상전이가 끝날지 아쉽게도 이론
적인 예측은 불가능하다. 상전이가 언제 일어날지는 대통일 이론
의 상전이를 통해 결정되지만 현 시점에서 얼마나 더 팽창할지는
결정할 수 없다.

인플레이션 우주

1979년 이러한 이론에 도달한 나는 이듬해인 1980년에 쓴 논문 세 편을 모두 유럽의 학술지에 발표했다. 당시 북유럽 이론물리학연구소의 객원교수로 초빙되어 코펜하겐에 거주하고 있었기 때문이다. 내 이론은 지수 함수적으로 팽창하는 우주 모델이었기 때문에 말 그대로 '지수 함수적 팽창 이론'이라고 불렸다. 그런데 나보다 반년 정도 늦게 논문을 완성한 미국의 앨런 구스가 내 논문과 같은 이론을 '인플레이션 우주'라는 세련된 이름으로 발표하면서 현재는 이 명칭이 일반적이 되었다.

인플레이션 우주에서는 상전이가 일어난 후에는 진공 에너지가 0이 된다고 생각했다. 따라서 현재 우주의 진공 에너지는 0이어야 한다. 하지만 최근 관측에 따르면, 수치상으로는 초기 우주의 진공 에너지에는 훨씬 못 미치지만 지금도 진공 에너지가 존재하고 있는 것으로 밝혀졌다. 즉, 현재의 우주가 또 한 번 인플레이션을 일으킨 것이 아닐까 생각된다. 여기에 대해서는 제3장에서 자세히 소개하기로 한다.

밀도 요동의 씨앗을 만든다

인플레이션은 우주론의 몇 가지 문제점을 해결한다. 내가 처음 깨달은 것은, 우주의 거대한 구조의 기원을 설명할 수 있다는 것이다. 상전이가 일어나면 물질 밀도의 불균형 이른바 '밀도 요동'이 생긴다. 우주가 급팽창할수록 '요동'은 더 크게 늘어나 급팽창이 끝난 후에는 매우 광대한 크기가 된다. 이렇게 만들어진 밀도 요동의 밀도가 짙은 부분에 중력에 의해 물질이 모여들어 점차 성장하는 것이다. 이런 식으로 은하단과 초은하단 등의 거대 구조가 생겨났다고 설명할 수 있다고 생각한 것이다.

인플레이션 이전의 빅뱅 이론에서도, 은하와 은하단 등은 우주 초기의 밀도 요동이 중력 효과로 성장해 형성된 것이라고 생각했다. 하지만 우주 초기에 거대 구조를 형성할 정도로 큰 요동을 만든다는 것이 원리적으로 어렵다는 난제를 안고 있었다. 규모가 큰 요동을 만들기 위해서는 멀리에서 물질과 에너지를 이동시켜야 하는데, 우주의 거대 구조가 될 만한 구조의 씨앗을 만들려면 광속보다 빠르게 물질을 이동시켜야 했기 때문이다.

우주가 탄생한 시각, 한 점에서 출발한 빛이 일정 시각까지 도달하는 거리를 '입자적 지평선의 거리'라고 한다. 앞으로는 간단히 '지평선 거리'라고 부르기로 하자. 광속을 초월해 전달되는 정보는 없기 때문에 지평선 거리는 그 시각까지 정보가 전달되는(물리학에서는 인과관계를 갖는다고 말한다) 최대 거리이다. 우주 초기에는 지평선 거리가 매우 짧아서 지평선 너머까지 물질을 이동시켜야만 우주 구조의 씨앗을 심을 수 있는 것이다. 그런데 인플레이션이 일어나면 공간이 크게 늘어나기 때문에 쉽게 문제를 해결할 수 있다.

즉, 인플레이션이 커다란 공간적 스케일의 밀도 요동을 만들어 우주의 거대 구조의 씨앗을 만드는 핵심적인 역할을 한다는 것이 나의 주장이었다.

그 후, 인플레이션 연구는 크게 발전해 우주 구조의 씨앗은 상전이로 만들어지는 요동이 아니라 인플레이션 과정의 '양자적 밀도 요동'이라는 것이 현재의 통설이 되었다(상전이로 만들어지는 요동은 워낙 강해서 수많은 블랙홀이 생겨났다).

현재는 다수의 개량형 인플레이션 이론이 등장했다. 그들의 공통점은, 인플레이션이 일어날 때 진공 에너지의 밀도는 양자론적으로 결코 일정하지 않으며 반드시 공간적 요동이 있다는 것이다. 양자론적으로, 진공 에너지는 불균형하기 때문이다. 이 양자론적 요동이 우주의 거대 구조를 만드는 최초의 씨앗이 되는 것이다. 내가 처음 생각한 상전이로 만들어지는 요동과 기원은 다르지만 인플레이션에 의해 요동이 크게 늘어난다는 메커니즘은 동일하다.

인플레이션으로 늘어난 요동의 공간적 스케일은 매우 크지만, 진폭은 작다. 인플레이션이 끝난 후, 이 요동은 중력 효과로 천천히 성장하는데 우주의 재결합 시기 즉, 우주 탄생으로부터 약 30만 년 정도 후에도 요동의 진폭(배경복사 강도의 불균형)은 10만분의 1 정도이다.

우주는 평탄한가

앨런 구스는 인플레이션 이론으로 우주의 '평탄성 문제'와 '지평선 문제'를 해결할 수 있다고 강조했다.

평탄성 문제란, 현재의 우주가 어떻게 평탄에 가깝게 되었는지에 관한 문제이다. 인플레이션 이론 이전의 프리드만 이론에서는, 우주 초기의 곡률이 거의 0이 아니었다면 우주는 평탄한 상태로 140억 년이나 팽창할 수 없다(우주의 곡률에 대해서는 제1장 2절 참조). 곡률이 조금이라도 양에 가까웠다면, 순식간에 수축해 곡률은 점점더 크게 양에 가까워질 것이다. 반대로, 곡률이 음이라면 마찬가지로 점점 음에 가까워질 것이다. 현재의 우주와 같이, 140억 년이나 평탄한 상태로 팽창하려면 계속해서 초기 곡률이 0이 되도록 조정해야만 한다. 이는 지극히 부자연스럽다는 것이 평탄성 문제의 내용이었다.

이 문제는 인플레이션 이론으로 간단히 해결되었다. 급격한 팽창이 계속되면, 초기 곡률이 음이든 양이든 그 값이 0에서 크게 멀어져도 급격히 0으로 수렴될 것이기 때문이다. 신이 조금 허술해서 곡률을 대충 계산했다고 해도 인플레이션이 곡률을 0으로 만들 것이다. 덕분에 우주는 지금도 평탄한 상태로 계속 팽창하고 있는 것이다.

나 역시 인플레이션 효과로 우주가 평탄해진다는 것을 금방 깨달았지만 구스처럼 곧이곧대로 주장하지 못했다. 1980년 무렵에는 우주가 평탄하지 않고 곡률은 음이라고 믿고 있었기 때문이다. 당시의 관측으로는 우주를 채우고 있는 물질의 양이 극히 적어서 우주가 평탄할 경우에 필요한 수치의 100분의 1에도 미치지 못했다. 하지만 1980년대 중반부터 암흑물질(눈에 보이지 않는 대량의 중력원)의 존재가 밝혀지면서 관측적으로도 모순이 사라졌다(자세한 내용은 제3장). 당시의 관측을 믿고 평탄성 문제를 풀 수 있다는 주장을 하지 않은 것은 아직도 후회스러운 일이다.

지평선 문제

지평선 문제란, 어떻게 인과관계가 없는 우주의 모든 영역이 균일한 상태가 되었는가 하는 문제로 앞서 이야기한 '우주 구조의 씨앗을 심는 문제'와 매우 비슷하다. 우주 초기에는 지평선 거리가 짧고 우주의 거의 모든 영역은 서로 아무런 인과관계가 없었다. 그렇다면 당연히 밀도와 온도는 각 영역마다 제각각이어야 할 것이다. 그런데 빅뱅 이론을 증명한 우주 마이크로파 배경복사는 10만분의 1가량의 정확도로 우주의 모든 방향에서 같은 강도로 들어온다. 말하자면, 마이크로파 배경복사의 우주는 공간적으로 매우 균일하다는 것이다. 하지만 이 마이크로파를 방출한 '재결합 시기'의 지평선 거리는 매우 짧고 각도는 약 1도에 불과했다. 수 각도나 떨어진 방향의 배경복사는 우주 탄생 이후 단 한 번도 관측해본 적 없는 영역에서 오는 마이크로파이다.

바꿔 말하면, 물질과 에너지의 분포가 균일하다는 것은 원리적으로 불가능한데도 우주가 균일한 이유는 무엇인가? 라는 것이 지평선 문제이다.

이 문제도 인플레이션 이론으로 간단히 해결할 수 있다. 인플레이션이 일어나기 전, 지평선 거리 안에 있던 작은 영역에서는 물질이나 에너지를 이동해 고른 분포를 만들 수 있었다. 이 작고 균일한 영역이 인플레이션으로 크게 팽창하면서 현재의 관측적 우주의 극한보다 더 커진 것이다.

이렇듯 인플레이션은 지평선을 초월한 커다란 스케일에서도 균일한 우주를 만들어내는 동시에 그 안에서 공간적 스케일이 큰 요동 즉, 우주 구조의 씨앗을 심을 수 있었던 것이다.

우주 공간에서의 배경복사 관측

1989년 미국 항공우주국NASA은 천문위성 COBE(우주배경복사 관측 위성)를 발사했다. 마이크로파 우주배경복사는 1964년 펜지어스와 윌슨에 의해 발견된 이후 꾸준한 관측이 이루어졌지만 확실히 '불덩어리'의 에너지 스펙트럼(흑체복사 혹은 플랑크 분포라고 불리는 특징적인 스펙트럼)을 가지고 있는지는 밝히지 못했다. 또 우주 '구조의 씨앗'인 요동이 배경복사에도 나타나 공간적인 전파 강도의 불균형이 관측될 것이라고 예상했지만, 열기구를 이용한 당시의 관측에서는 배경복사의 변화나 요동은 관측하지 못했다. COBE는 에너지 스펙트럼을 정밀하게 측정하고 우주 구조의 씨앗을 찾아내기 위해 발사되었다.

COBE는 통신위성처럼 적도 상공을 도는 것이 아니라 극궤도를 회전하는 위성으로, 안테나는 늘 지구의 반대편을 향하고 있었다. 또 지구에서 날아오는 잡음이 새어 들지 못하게 안테나를 치마 모양의 실드로 둘러쌌다. 극궤도를 회전하면 태양을 옆에서 볼 수 있기 때문에 태양에서 들어오는 잡음도 피할 수 있다. 이렇게 반년간 관측하면 하늘 전체를 관측할 수 있게 된다.

COBE를 실은 관측위성 FIRAS는 1년여 만에 우주배경복사가 이론에서 예언한 그대로 완전한 플랑크 분포라는 것을 밝혀냈다(그림 1-11). 그 온도는 2.73도(절대온도)였다. 빅뱅의 불덩어리 이외에는 이처럼 완전한 플랑크 분포를 나타내는 현상을 생각할 수 없었기 때문에 빅뱅 이론은 더욱 강력한 관측적 증거를 얻게 된 것이다.

한편, DMR이라는 장치는 발사 3년여 만에 치밀한 데이터 분석을 거쳐 마침내 우주 구조의 씨앗을 찾아내는 데 성공했다. COBE가 관측한 우주배경복사의 관측 결과는 제3장 첫머리에, COBE의 후속기 WMAP의 관측과 함께 실었다. 이 타원형 지도는 지구 표면을 나타낼 때 자주 쓰이는 방법으로, 천구 전체의 배경복사 강도의 불균형을 나타내고 있다. 이 불균형은 고작 10만 분의 1 정도지만, 이 불균형이 나타내는 밀도 요동이 중력 효과로 점점 성장해 은하단 등의 우주 구조가 만들어진 것이다.

DMR팀의 리더이자 로렌스 버클리 연구소 교수인 조지 스무토는 1992년 4월에 기자회견을 열었다. 뉴욕타임스지는 1면 전체를 할애해 이 발견을 세상에 알렸다. 스무토는 기자회견에서 '이 관측으로 사람들이 인플레이션 이론이 옳았다는 것을 믿게 될 것'이라고 말했다. COBE가 관측한 전파 강도의 세기와 규모의 통계적 분포가 인플레이션 이론이 예언한 것과 완전히 일치했기 때문이다.

스무토는 미국의 대중잡지 피플지가 선정한 '1992년도 세계에서 활약한 10인'에 클린턴 대통령, 다이애나 왕세자비와 나란히 이름을 올렸다. 이때도 그는 '만약 여러분이 신앙이 있다면, 이번 발견은 신의 얼굴을 본 것과 같다'며 다소 과장된 발언을 했다.

우주의 다중 발생

앨런 구스와 내가 생각한 '원조' 인플레이션 이론에서는 진공의 1차 상전이에 의해 인플레이션이 일어난다. 63쪽에서 말했듯이, 1차 상전이란 물이 얼음이 되는 것과 같은 과냉각이 일어나는 상전이이다. 온도를 섭씨 0도까지 낮춰도 물 전체가 금방 얼음이 되는 것이 아니다. 물은 0도를 조금 밑돌 때까지 온도가 내려간다. 이때 물속 여기저기에서 아주 작은 얼음 알갱이가 만들어진다. 이 작은 알갱이가 핵이 되어 물속 여기저기에서 커다란 얼음 덩어리로 성장하고 결합하면서 비로소 전체가 얼음이 된다. 이처럼 1차 상전이에서는 전체가 한 번에 상전이를 일으키는 것이 아니라 여기저기에서 상전이를 일으키는 작은 영역이 생겨나고 그것이 성장·결합함으로써 상전이가 종료된다.

즉, 인플레이션이 진행되던 당시의 우주는 불균형 그 자체였던 것이다. 일부 영역은 상전이가 아직 끝나지 않은 상태(진공 에너지 밀도가 아직 높은 상태)로 인플레이션이 일어난다. 그러나 주위는 이미 상전이를 일으켜 진공 에너지가 사라진 상황이다.

진공 에너지 밀도가 높은 영역의 크기가 크면 그림 2-8처럼 우주 공간에 버섯이 자라나듯 인플레이션을 일으킨 우주의 일부(버섯 갓 모양)가 다른 공간으로 분리될 수도 있다. 원래 공간과 분리된 공간을 잇는 잘록한 공간은 '웜홀'이라는 시공간 구조를 만든다. 원래 공간에서 웜홀을 보면 블랙홀처럼 보인다. 하지만 내부로 들어갈수록 공간이 좁아지다 어느 지점을 경계로 다시 넓어진다. 더 안쪽으로 들어가면 인플레이션이 진행되고 있는 공간에 도착하는 것이다. 말하자면, 블랙홀처럼 보이는 구멍으로 들어가면 내부에 또 다른 광대한 공간이 펼쳐지는 것이다.

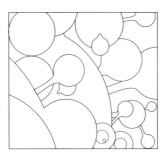

그림 2-8 인플레이션으로 자식 우주가 태어난다.

웜홀의 잘록한 부분에는 블랙홀처럼 '사건의 지평선'이 형성되고 그 양쪽의 인과관계가 끊어진다. 그림만 보면, 웜홀을 통과해 두 공간을 오갈 수 있을 듯 보이지만 사건의 지평선이 만들어진 후 두 공간의 인과관계는 완전히 단절된다. 두 공간은 상호 인과관계가 끊어지면서 '다른 우주'가 된다. 원래의 공간을 '부모 우주'라고 부른다면 버섯갓 모양의 내부 공간은 '자식 우주'가 된다.

워프는 가능한가

공상과학 소설에 등장하는 '워프'라는 말을 한 번쯤 들어본 적이 있을 것이다. 보통 수년은 걸릴 우주여행이 한순간에 가능해지는 것이다. 사과의 표면을 우주라고 하면, 꼭지가 달린 윗부분부터 밑바닥까지 가려면 보통은 사과 표면을 빙 돌아가야만 한다. 그런데 벌레가 사과 꼭지서부터 심을 통과하는 구멍을 뚫는다면 지름길이 생긴다. 우주에도 이런 구조가 생긴다면 워프도 가능하지 않을까. 이 구조를 웜홀(벌레 먹은 구멍)이라고 부른다.

공상과학 소설에서 웜홀은 통행이 가능한 시공간의 터널이다. 하지만 일반상대성이론의 해로서 예측할 수 있는 웜홀은 사건의 지평선이 생기면서 통행이 불가능하다(그림 2-9에 파선으로 그려져 있다). 자전하는 웜홀의 경우에는 통행이 가능할 수도 있지만 그러한 웜홀의 존재는 수학적으로는 가능해도 실제 우주에서 만들어지기는 어렵다.

공상과학 소설에 등장하는 웜홀은 공간의 다른 두 점 사이를 연결하는 것으로(그림 2-9b) 이때 만들어지는 웜홀은 그림 2-9c와 같이 버섯처럼 생긴 새로운 유형의 웜홀이다. 블랙홀 안에 또 다른 우주가 펼쳐지는 것이니 호리병형 웜홀이라고 불러야 할지도 모르겠다.

중국에 '일호천-壺天'이라는 옛 이야기가 있다. 한나라 때, 시장

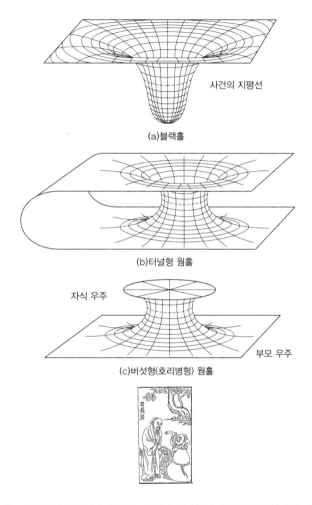

사건의 지평선

(a)블랙홀

(b)터널형 웜홀

자식 우주

부모 우주

(c)버섯형(호리병형) 웜홀

그림 2-9 블랙홀 (a)와 웜홀 (b)의 시공간 구조. (c)웜홀이 만들어지면서 자식 우주가 태어난다. 삽화는 후한
서 방술전方術傳의 비장방費長房.

의 감독인 비장방이라는 사람이 약을 파는 한 노인을 보게 되었다. 노인은 장사가 끝나자 가게 앞에 놓아둔 호리병 속으로 들어가 모습을 감추었다. 노인은 선인이었다. 다음 날, 비장방이 선인에게 부탁해 함께 호리병 속으로 들어갔더니 그 안에 드넓은 세계가 펼쳐져 있고 좋은 술과 산해진미가 가득 했다는 이야기이다.

이야기가 길어졌지만 요컨대, 웜홀의 입구는 블랙홀처럼 보이지만 다른 세계와 이어져 있다. 호리병처럼 생긴 웜홀 안에 광활한 세계가 펼쳐지는 것이다.

무한히 태어나는 우주

부모 우주와 자식 우주를 잇는 탯줄과도 같은 웜홀은, 자식 우주가 인플레이션으로 인해 거대 우주로 성장한 후에도 그대로일까? 호킹은 모든 물질을 삼켜버린다고만 생각했던 블랙홀의 양자론적 효과로 오랜 시간동안 '증발'해서 결국 사라져버릴 것이라고 말했다. 블랙홀의 증발은 사건의 지평선이 있기 때문에 일어나는 현상으로, 웜홀에도 적용할 수 있다. 다시 말해, 웜홀도 시간이 지나면 증발하기 때문에 두 공간을 잇는 구조가 끊어진다. 웜홀로 연결된 두 공간은 인과관계가 끊어진 상태라도 시공간적으로는 이어져있지만 '증발'하고 나면 시공간적으로도 완전히 단절되는 것이다. 시공간의 구조가 다른 별개의 우주가 된 것이다.

자식 우주에서는 여전히 인플레이션이 계속되고 있다. 부모 우주에서 자식 우주가 태어났듯 자식 우주에서도 같은 과정이 일어날 것이다. 자식 우주에서 수많은 손자 우주가 태어나는 것이다. 또 손자 우주에서는 증손자 우주가…… 어쩌면 우주는 무한히 태어나는 것이 아닐까.

실증이 불가능한 과학 논문

호리병형 웜홀의 형성, 자식 우주, 손자 우주의 탄생에 관한 연구는 코펜하겐에서 세 편의 논문을 완성한 후 일본에 돌아와 당시 대학원생, 박사 연구원이던 젊은이들과 함께한 공동 연구였다. 그 젊은이들은 마에다 게이이치前田惠一(현 와세다早稲田대학), 고다마 히데오小玉英雄(현 고에너지가속기연구기구), 사사키 미사오佐々木節(현 교토대학)였다. 수학적으로만 가능했던 웜홀의 시공간 구조를 우주에서도 만들 수 있다고 설명한 것은 세계 최초였다. 또 우주가 무한히 만들어진다는 '설'은 이전에도 있었지만 상대성이론에 근거해 인과관계가 끊어진 시공간 즉, 별개의 우주가 생겨나는 것을 구체적으로 설명한 것도 우리 연구팀의 업적이라고 자부한다.

우리는 'multi-production of universes' 다시 말해 '우주의 다중발생'이라는 논문을 학술지에 투고한 후 내심 불안한 마음으로 결과를 기다렸다. 원리적으로는 인과관계가 끊어진 우주가 무한히 태어난다는 이론을 증명할 수 없었기 때문이다. '별개의 우주'의 존재를 알게 되었다면 인과관계가 있는 것이니 별개의 우주가 아닌 우리 우주의 일부이기 때문이다. 하지만 편집자는 명백하게 실증이 불가능한 이 논문의 게재를 별다른 문제 제기 없이 결정했다.

현재는 셀 수 없을 만큼 다양한 종류의 인플레이션 이론이 등장했다. 그 모든 이론에 우주의 다중발생 이론을 그대로 적용할 수는 없지만, 우주의 다중발생은 인플레이션의 일반적 성질이라고 생각한다. 인플레이션이 일어날 때 우주가 완전히 균일했다면 우주 전체는 균일하게 커질 것이다. 하지만 지평선 문제에서도 소개했듯이, 지평선 너머 빛도 닿을 수 없는 먼 곳까지 균일한 크기로 팽창하기란 쉽지 않다. 어떤 인플레이션 이론이든 인플레이션 이전의 우주가 완전히 균일하지 않고 장소에 따라 진공 에너지 밀도가 높거나 낮은 곳이 있으면, 에너지 밀도가 높은 곳은 일정 조건이 충족될 때 자식 우주로 진화한다.

인플레이션이 우주의 평탄성과 균일성을 설명하는 것은 맞지만 그것은 관측적으로 밝혀진 영역에 한해서일 뿐, 아주 먼 우주의 영역 예컨대 1조 혹은 1경 광년쯤 떨어진 곳은 도처에 불균형이 존재하고 '호리병형 웜홀'을 통해 다른 우주와 이어져 있는지도 모른다.

카오틱·인플레이션

우리가 사는 우주 이외에도 수없이 많은 우주가 존재한다는 개념을 '멀티버스'라고 한다(제5장에서 자세히 다룬다). 우리 연구팀이 제시한 우주의 다중발생도 멀티버스 이론이며 후에 안드레이 린데도 우주가 무한히 탄생하는 '카오틱·인플레이션' 이론을 제창했다.

카오틱·인플레이션이란, 1차 상전이로 진공 에너지의 불균형이 생긴다는 나와 앨런 구스의 이론과 달리 양자론적 요동에 의해 진공 에너지의 불균형이 발생하고 그 불균형한 부분이 자식 우주로 성장한다는 이론이다. 린데의 자식 우주에서도 같은 메커니즘으로 손자 우주가 태어나고 또 손자 우주에서 증손자 우주가 태어난다.

카오틱·인플레이션은 거대한 양자론적 요동이 필요한 만큼 대통일 이론이 예언한 상전이의 에너지보다 1만 배 이상 큰 플랑크 에너지에 가까운 에너지 영역에서 일어난다고 가정한다.

플랑크 에너지 영역에서 양자론적 요동이 큰 것은 맞지만 거꾸로 말하면, 요동이 지나치게 크기 때문에 여기서는 '양자론적 일반상대성이론'을 근거로 연구해야만 한다. '양자론적 일반상대성이론' 혹은 '양자중력 이론'은 미완의 이론이다. 다음 절에서 소개하는 '무無로부터의 우주 탄생'과 마찬가지로 흥미로운 이론이지만 이론적 근거가 없다.

4. 미시적 요동으로부터의 탄생——양자 우주

무로부터의 탄생

존재의 근원을 설명하려면 이렇게 대답하는 수밖에 없다——우주는 무에서 탄생했다.

만약 우주가 다른 어떤 존재에서 만들어졌다고 한다면, 당연히 그 존재에 관한 질문이 끊이지 않을 것이기 때문이다. 무로부터의 탄생, 이를 양자중력 이론의 관점에서 과학적 언어로 설명한 것이 알렉산더 빌렌킨이다. 나와는 20년 넘게 알고 지낸 지인이기도 하다. 그는 우크라이나 출신의 유대인이다. 구소련 때는 유대인 차별이 워낙 심해서 우수한 성적에도 불구하고 제대로 된 직업을 갖지 못하고 동물원 야간 경비로 일했다고 한다. 그러다 이스라엘로 이주해 잠시 체류한 후 미국으로 건너갔다. 지금은 보스턴 교외에 있는 터프츠 대학에서 교수직을 맡고 있다.

'우주는 무에서 탄생했다'고 할 때, 과연 무는 무엇일까? 여기서 말하는 무는 단순히 물질이 존재하지 않는다는 의미가 아니라 물질을 담는 시공간조차 존재하지 않는 상태이다. 빌렌킨은 양자중력 효과로 지극히 작은 진공 에너지로 가득 찬 닫힌 우주가 생겨났다는 이론을 제창했다. 진공 에너지를 생각한 것은 당연히 우주의 탄생 직후 인플레이션을 일으키기 위해서였다. 인플레이션은 우주를 급팽창시켜 공간적으로 거대한 우주를 만드는 것뿐 아니라 앞에서도 소개한 바 있듯 우주에 에너지를 불어넣는 마법과도 같은 메커니즘인 것이다.

우주의 팽창과 수축은 때로는 퍼텐셜 에너지하의 입자의 운동과 수학적으로 같은 형식이 된다(제1장 2절 참조). 아직 미완의 단계이기는 하지만 양자중력 이론을 통해 진공 에너지가 존재하는 닫힌 우주의 팽창과 수축을 양자론적으로 기술하는 방정식을 만들수 있다. 전자, 원자, 분자의 운동을 기술하는 양자역학의 기초방정식은 슈뢰딩거 방정식이라고 하며 우주의 슈뢰딩거 방정식은 휠러·디윗 방정식이라고 부른다.

'무'의 우주

'우주의 슈뢰딩거 방정식'인 휠러·디윗 방정식은 한 개의 입자가 퍼텐셜 에너지 안에서 어떻게 운동하는지를 기술하는 방정식과 유사하다(그림 2-10).

무에서 탄생하기 때문에 우주의 모든 에너지는 0이다. 즉, 운동 에너지와 퍼텐셜 에너지의 합계는 0이라는 것이다. 먼저, 그림의 오른쪽 아랫부분에서 퍼텐셜 에너지의 정상을 향해 공을 던진다. 공의 모든 에너지는 0이기 때문에 퍼텐셜 에너지가 0인 지점까지

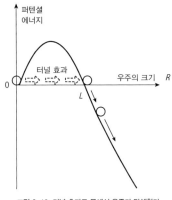

올라갔다가 운동 에너지가
0이 되면 방향을 바꿔 낙하
를 시작한다. 공이 정상을
넘어 그래프 왼쪽의 원점에
도달하는 일은 결코 없다.

이번에는 공의 위치를 나
타내는 가로 축 좌표를 우
주의 크기라고 생각해보자.
반경이 큰 우주가 무한한

그림 2-10 터널 효과로 무에서 우주가 탄생한다.

과거(마이너스 무한대의 시각)에서부터 수축하다 시각 t=0에서 크기가 L
이 되면서 방향을 바꿔 영원히(플러스 무한대의 시각까지) 팽창하는 과정
에 대응한다(그림 2-11a).

그림 2-10을 보면, 에너지가 0이 되는 상태는 R=L도 있지만
원점(R=0)도 있다. 이처럼 우주의 크기가 0에서 정지해 있는 상태
도 허용되는 해이다.

단, 표준 빅뱅 이론에서 우주의 크기가 0일 때의 상태와 여기서
말하는 우주의 크기가 0인 상태는 두 가지 점에서 근본적으로 다
르다. 첫째, 여기서 말하는 우주의 크기가 0인 상태는 퍼텐셜 에
너지의 정점에서 유한한 크기를 갖는 우주와는 분명히 구분된다.
한편, 표준 빅뱅 이론에서 우주는 크기가 0에서부터 연속적으로
커진다. 둘째, 표준 빅뱅 이론에서 우주의 크기가 0인 상태는 물
리량이 발산하고 물리학 법칙이 깨지는 특이점(이른바 시공간의 끝)인
데 반해 이 이론에서는 발산되는 물리량이 존재하지 않는다. 이
우주 이론에서도 분명 진공 에너지가 존재하지만 그 성질 때문에

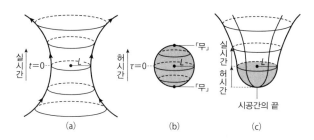

그림 2-11 우주의 시작과 끝. (a)수축하던 우주가 시각 t=0에서 돌아선다. (b)무에서 시작해 무로 돌아간다. (c)무에서 시작해 인플레이션을 일으킨다.

밀도가 부피에 관계없이 일정하며 부피가 0이라도 발산하는 물리량은 없다. 시공간의 크기가 0이고 에너지도 0인 이 상태를 빌렌킨은 '무'라고 부른 것이다.

우주의 탄생

'무'라는 것도 양자론적 관점에서는 철학적 의미의 완전한 무가 아니다. '무'라고는 해도 양자론적 요동이 존재하는 것이다. 빌렌킨은 양자론 특유의 터널 효과(퍼텐셜 에너지의 정점을 관통하는 현상)로 우주가 탄생했다고 생각했다. 즉, L이라는 유한한 크기를 가진 우주가 태어나는 것이다(그림 2-10).

우주가 우리는 볼 수 없는 터널을 통과해 불시에 L의 위치에 나타나는 모습을 쉽게 표시하는 방법이 있다. 허수의 시간(허시간)을 이용하는 방법이다. 우리가 물리법칙의 공식 속에서 주로 사용하는 시간변수 t는 물론 실수이지만, 이것을 허수의 시간 $\tau = i \cdot t$로 치환하는 것이다(여기서 i는 허수 단위, $i^2 = -1$). 그러면 이 허수의 세계에서 우주의 퍼텐셜 에너지는 음과 양이 반대가 되고, 에너지가 0인 우주는 R=0에서 출발해 R=L에 도달하면 팽창을 멈추고 수축하기 시작하여 출발점인 R=0으로 돌아간다. '무'에서 탄생해 최대 반경인 L까지 커지지만 결국에는 다시 '무'로 돌아가는 것이다. 이를 나타낸 것이 그림 2-11b이다. 지구의 남극에서 시작해 북극에서 끝나는 듯한 이미지이다.

하지만 이렇게 '무'로 돌아가 버린다면 우주는 탄생할 수 없다. 허시간의 세계에서 최대 반경까지 커진 우주가 다시 실시간의 세계로 이어진다는 생각이다. 즉, 터널을 빠져나와 급경사면으로 움직이는 것이다. 공은 이 경사면을 빠르게 낙하하는데 이를 우주로 말하면, 급격한 팽창 이른바 인플레이션이다. 이 모습을 나타낸 것이 그림 2-11c이다. 이것이 '무로부터의 우주 탄생'의 시나리오이다.

실시간의 세계에서만 보면, L의 크기를 가진 우주가 불시에 탄생하는 것이다. 그렇게 태어난 우주의 전형적 크기는 10^{-34}센티미터 정도로 양자나 중성자보다 훨씬 작다. 이 우주에도 진공 에너지가 존재하지만 현재 100억 광년이 넘는 우주에 존재하는 모든 에너지와 비교하면 없는 것이나 마찬가지이다. 이 우주는 이내 인플레이션을 일으켜 에너지로 가득 찬 빅뱅 우주로 성장한다.

호킹의 무경계 가설

스티븐 호킹은 우주 탄생을 논하는 연구자 중에서도 가장 널리 알려진 인물이다. 빌렌킨은 논문을 통해 향후 1, 2년 안에 우주의 탄생부터 종말까지 모든 역사를 양자론적으로 철저히 다루어야 한다고 말했다. 빌렌킨 스스로도 터널 효과를 통해 양자론적 효과를 도입했다. 하지만 그것은 어디까지나 근사적 방법일 뿐 엄밀하게는 물리적 상태를 나타내는 '우주의 파동함수'를 구해야 한다.

양자론에 따르면 '불확정'한 것은 시작만이 아니며, 모든 발전이 확률적으로 일어나고 그 확률은 '파동함수'라는 파동으로 나타난다. 우주의 크기가 일정 값이 될 확률을 알기 위해서는, 우주의 시공간 끝에서부터 파동 방정식의 해를 구해야 한다. 파동 방정식을 풀기 위해서는 시공간 끝의 경계 조건을 집어넣어야 한다.

호킹의 이론에서는 줄넘기 줄을 조금만 돌려도 커다란 파동이 전달되듯 R = 0의 지점에서 파동함수의 값을 0으로 가정한다. 호킹은 'No boundary is the boundary condition of the universe' 즉 '경계가 없는 것이 우주의 경계조건'이라고 주장했다. 표준 빅뱅 이론처럼 시공간의 끝이 특이점이면 파동의 방정식을 풀 수 없기 때문에 시공간의 끝은 그림 2-11c처럼 경계가 없다는 것이다.

허수의 시간에서는 우주의 크기가 0인 상태(그림 2-11c의 가장 아래쪽 점)가 주위와 구별되는 특별한 점이 아니기 때문에 지구의 남극점과 마찬가지로 자연스럽게 통과할 수 있다. 빌렌킨의 이론과 다소 차이는 있지만, 우주의 파동함수 역시 탄생과 동시에 인플레이션을 일으켜 거대한 우주로 성장하는 과정이 가장 확률이 높다는 것을 알 수 있다. 그러나 무경계 조건을 충족하는 양자 우주는 허수의 시간(허시간)에서 시작되어야 한다.

이처럼 양자중력 이론으로 재현해본 우주 탄생의 시나리오도 확률이 보존되지 않는다는 문제가 있다. 양자역학에서는 시간 발전의 다양한 가능성에 대해 각각의 확률이 주어진다. 모든 확률의 합은 100퍼센트가 되어야 하지만 양자중력 이론에서는 시간 발전의 확률 합계가 줄거나 늘어나는 일이 발생한다.

이것 말고도 양자우주론에는 여전히 많은 문제점들이 산적해 있다. 휠러·디윗 방정식에는 시간이 등장하지 않는다. 앞서 이야기한 간단한 이론에서는 우주의 크기를 나타내는 R을 시간처럼 가정한다. 하지만 우주가 수축을 시작하면 이 '시간'은 역전하게 된다. 그 밖에도 우주 전체를 양자론적으로 다루었을 때 생기는 문제도 있다.

이론적인 문제가 있기는 하지만 양자우주론은 꽤 그럴듯한 우주 탄생의 시나리오를 그려냈다고 할 수 있다. 장래에는 초끈 이론 등의 발전과 더불어 보다 확실한 이론을 구축해야 할 것이다.

미지의 인플라톤

나와 앨런 구스가 처음 생각한 '원조' 인플레이션 이론은 힘의 대통일 이론을 바탕으로 탄생했다. 그러나 요동의 진폭이 너무 커서 수많은 블랙홀이 생겨났다. 또 대통일 이론은 10^{30}년 정도의 시간에 양자가 붕괴하는 것을 예언했지만 실험을 통해 양자의 수명이 최소 10^{33}년보다 길다는 것이 밝혀지면서 단순 대통일 이론은 성립할 수 없게 되었다. 초대칭성을 가진 초대통일 이론으로 수정하면, 양자의 수명이 길어져 실험과의 모순은 사라지지만 관측과 모순되지 않는 인플레이션 이론은 좀처럼 만들 수 없었다.

이러한 배경 속에서 다수의 개량형 인플레이션 이론이 등장했다. 대부분 소립자 이론으로서 근거가 부실한 데다 단순히 인플레이션을 일으키기 위해 생각해낸 이론이다. 뉴 인플레이션 이론을 시작으로 하이브리드 인플레이션, 소프트 인플레이션, 내츄럴 인플레이션, 서멀 인플레이션 등 수많은 인플레이션 이론이 등장해 나도 전부 알지 못할 정도이다.

현재 인플레이션을 일으키는 진공 에너지를 관장하는 것은 인플라톤이라고 불리는 입자이다. 사실상, 정체를 모르기 때문에 적당히 조건이 맞는 물질을 이론적으로 가정해 그렇게 부르는 것이다. 우주를 설명한다는 의미에서는 '원조' 이론의 문제점을 해결하는 훌륭한 이론임에는 분명하지만 인플라톤이 무엇인지에 대해서는 누구도 설명하지 못한다. 초끈 이론의 진전과 함께 브레인 우주라는 이론이 등장해 흥미로운 전개를 보이고 있다. 이 같은 전개 속에서 인플라톤의 정체를 밝혀낼 힌트를 얻을 수 있기를 기대하는 바이다.

5. 고차원 공간에 떠 있는 막──브레인 우주

1990년대 우주론의 새로운 전개가 시작되었다. 그것은 우리가 사는 3차원 공간과 1차원의 시간으로 된 세계가 실은 10차원 혹은 11차원의 고차원 시공간에 떠 있는 막과 같은 것이라는 '브레인 우주' 이론이다. 브레인 우주 이론은 모든 기본역학을 통일하는 궁극의 이론으로 여겨지는 초끈 이론을 바탕으로 제창된 이론이다.

초끈 이론

1970년대부터 1980년에 걸쳐 전자력과 약력을 통일한 와인버그·살람 이론이 성공을 거두고 나아가 강력까지 통일한 대통일 이론 연구가 활발히 이루어졌다. 하지만 그 후, 대통일 이론이 예언한 양자 붕괴가 관측되지 않고 양자의 수명이 최소 10^{33}년보다 길다는 것이 밝혀지면서 대통일 이론의 단순 모델은 설 자리를 잃게 되었다. 또 중력을 대통일 이론의 단순한 연장선상에 포함하는 통일 이론으로 확장할 수도 없다. 이러한 문제를 극복하고 모든 힘을 통일하는 이론으로서 가장 가능성이 있다고 주목받고 있는 것이 초끈 이론이다. 초끈 이론은 현대적인 수학을 구사한 난해한 이론이다. 초끈 이론은 다음의 세 가지 기본 가설을 기초로 완성되었다.

첫 번째 가설은, 물질세계의 가장 작은 단위인 소립자가 점과 같은 입자가 아니라 길이가 있는 '끈(혹은 현)'이라는 생각이다. 바이올린이나 거문고의 현을 튕기면 현 위에 파장이 일어난다. 파장이 가장 긴 기본파, 그 1/2, 1/3……과 같은 파장의 파동(고조파) 등이 각각의 소립자에 대응한다.

두 번째 가설은, 모든 소립자는 그 소립자에 대응하는 슈퍼 파트너라고 하는 다른 소립자가 존재한다는 '초대칭성'의 가정이다. 소립자는 자전에 대응하는 스핀이라는 자유도를 가지고 있으며 소립자에 의해 고유의 값을 갖는다. 스핀이 1/2이나 3/2 등 '반정수'의 값을 갖는 소립자를 페르미 입자라고 총칭한다. 전자나 쿼크 등은 스핀 값이 1/2인 페르미 입자이다. 또 스핀 값이 0, 1, 2 등의 정수인 소립자는 보스 입자라고 한다. 빛의 입자인 광자는 스핀 값이 1인 보스 입자이다. 초대칭성의 가정은 모든 페르미 입자에는 슈퍼 파트너로서 보스 입자가 존재하며 모든 보스 입자에는 슈퍼 파트너로서 페르미 입자가 존재한다고 주장한다. 예컨대, 페르미 입자인 전자에는 보스 입자의 슈퍼 파트너가 존재하는데 이것은 '스칼라 전자'라고 부른다('스칼라'는 스핀 값 0을 의미한다). 다만, 슈퍼 파트너는 하나도 발견되지 않았다.

세 번째 가설은, 우리가 사는 우주의 시간·공간을 합한 시공간의 차원이 10차원 혹은 11차원이라는 가정이다. 그중 1차원은 시간이기 때문에 공간은 9차원 혹은 10차원이 된다. 현이 진동하는 것은 이 고차원의 공간에서다. 이 가정에는 전후, 좌우, 상하라는 3차원의 방향뿐 아니라 예닐곱 개의 방향이 존재한다. 하지만 현실 세계에서 그런 방향은 존재하지 않는다. 왜 우리는 고차원 공간의 '다른 방향'으로 갈 수 없는 것일까? 그것은 그 방향에 공간이 작게 뭉쳐져 있기 때문이다. 이들 방향은 무한히 펼쳐진 것이 아니라 플랑크 길이(10^{-33}센티미터)의 지극히 작은 원이나 고차원의 구球이다. 수도 호스를 멀리서 보면 단순한 1차원 끈처럼 보이지만, 가까이서 보면 원통이라는 것을 알게 된다. 그와 마찬가지로 극미 세계에서는 다른 차원이 뒤얽혀 존재한다.

보통의 3차원 공간과는 다른 차원이 존재한다는 가정하에 힘의 통일 이론을 연구한 것은 초끈 이론이 처음은 아니다. 1920년대 칼루자(스웨덴)와 클라인(독일)이 먼저 그러한 이론을 만들었다. 아인슈타인이 지향한 통일장 이론도 다른 차원을 가정한 이론이었다. 이러한 이론은 성공하지 못했지만, 고차원 공간이라는 발상이 초끈 이론을 통해 부활했다고 볼 수 있다.

D브레인

1990년대에는 초끈 이론이 크게 발전했다. 그전까지는 초끈 이론이라는 이름으로 다수의 이론이 제안되고 있었다. 다섯 가지의 유력 이론 중 어느 것이 현실 세계를 기술하는 이론인지 확실치 않았다. 그러다 이 모든 이론이 하나의 기본 이론을 설명하는 다른 표현이라는 생각에 이르게 된다. 이 이론은 'M 이론'이라고 불리게 되었다.

이어서 'D브레인'이라는 이론이 등장했다. 이 이론에서는 우리가 사는 3차원 공간이 고차원 공간 안의 '3차원 막'과 같은 존재이다. 막이라고 하면, 3차원 공간에서는 종잇조각처럼 가로와 세로만 있는 2차원의 형태이지만 고차원 공간 안에서는 3차원의 막도 수학적으로 존재할 수 있다. '브레인'이란 영어로 막을 의미하는 membrane을 줄여서 만든 조어이다. D는 이론의 수학적 가정에 관한 '디리클레 경계조건'을 줄인 말이다.

D브레인 이론에서는 쿼크나 전자 그리고 광자 등을 나타내는 끈의 양 끝이 브레인에 붙어 있다. 이 끈은 브레인 위에서는 자유롭게 움직이지만 양 끝이 붙어 있기 때문에 브레인 밖으로 나가지는 못한다. 이처럼 물질은 브레인 안에서만 존재할 수 있다. 설령 우리가 사는 3차원 공간 밖의 공간(잉여 차원이라고 한다)이 무한히 펼쳐져 있다 해도 우리는 브레인의 세계 즉, 브레인 우주에 갇혀 있기 때문에 잉여 차원을 관측할 수 없고 자연히 모순도 발생하지 않는다. 전자력을 매개하는 광자, 약력을 매개하는 W입자, Z입자, 강력(색력)을 매개하는 글루온도 브레인 세계에 갇혀 있기 때문에 브레인 바깥에는 영향을 미치지 않는다. 다시 말해, D브레인

이론에서는 잉여 차원의 공간이 뒤얽혀 있지 않아도 아무런 문제가 없다. 다만, 유일한 예외가 있다. 그것은 중력을 매개하는 중력자이다. 중력자의 끈은 '고리' 모양이라 끝이 존재하지 않고 브레인을 자유롭게 드나들 수도 있으며 잉여 차원도 자유롭게 오간다. 중력은 잉여 차원으로도 새어나가는 것이다. 하지만 문제가 있다. 중력자가 3차원의 방향뿐 아니라 잉여 차원에까지 퍼진다면 먼 곳에서는 중력이 뉴턴의 만유인력의 법칙에 비해 급격히 약해질 것이기 때문이다.

1밀리미터 거리에서 중력을 측정한다

1999년 L.랜들과 R.선드럼이라는 두 학자가 D브레인의 이론이 바탕이 된 단순하지만 획기적인 이론을 발표했다. 잉여 차원을 하나로 단순화한 이론으로, 1차원의 시간과 4차원 공간의 세계에 우리가 사는 3차원의 막 우주가 떠 있다는 것이다. 여기서 1차원의 잉여 차원은 반反 더 시터르 공간이라는, 크게 구부러진 공간으로 크기는 무한대이지만 브레인 우주에서 멀어지면 급격히 작아진다. 따라서 중력자가 잉여 공간 쪽으로 새어나가기는 하지만 그 효과는 크지 않고 실질적으로는 3차원 공간의 브레인 세계에 갇히는 것이다.

이렇게 랜들과 선드럼은 잉여 차원이 크게 구부러지는 길이보다 먼 거리에서는 뉴턴의 만유인력의 법칙이 성립하지만 더 짧은 거리에서는 4차원 세계의 중력이 되면서 뉴턴의 법칙보다 중력이 약해진다. 그런 이유로, 1밀리미터보다 짧은 거리에서 중력의 세기를 측정해 뉴턴의 법칙이 성립하는지를 조사하는 연구가 이루어졌다. 재미있는 것은 이제까지 물리학의 역사에서 1밀리미터보다 짧은 거리에서 중력의 크기가 문제가 된 것은 이번이 처음이다. 실험 결과에 따르면, 0.1밀리미터보다 긴 거리에서는 뉴턴의 법칙이 성립했다. 따라서 잉여 차원의 구부러진 길이는 최소 0.1밀리미터보다 짧아야 한다.

관측 가능성이라는 의미에서 또 한 가지 흥미로운 예언이 있다. 브레인 우주 이론에서는 양자론적으로 다루어야 할 에너지가 극히 낮아질 가능성이 있다. 보통 그 한계를 플랑크 에너지(10^{19} 기가전자볼트)라고 보는데, 브레인 우주 이론에서는 최신 입자가속기 LHC(대형 하드론 충돌형 가속기)로 달성한 에너지(테라전자볼트의 크기, 테라=1000기가)보다 낮아질 가능성도 지적되고 있다. 만약 그렇다면 LHC로 가속한 입자의 충돌로 작은 블랙홀이 생길 가능성이 있다. 가속기에서 만들어진 블랙홀은 순식간에 다양한 입자를 대량 방출하며 사라질 것이다(호킹이 주장한 블랙홀의 증발 이론). 이렇게 특이한 현상이 발생하면 금방 발견될 것이다. 호킹은 도쿄대학 강연에서 'LHC에서 블랙홀이 발견된다면 내가 노벨상을 받게 될 것'이라는 농담을 했다.

브레인 우주는 팽창할까

고차원 안에 떠 있는 브레인 우주도 팽창하거나 수축할까? 또 브레인 우주에서도 인플레이션이 일어날까? 이러한 궁금증에 답하려면 브레인 우주를 지배하는 중력의 법칙을 제대로 알아야 한다.

시로미즈 데쓰야白水徹也와 그의 동료 마에다 게이이치, 사사키 마사오는 브레인 우주 안의 중력 방정식을 구함으로써 그것이 일반상대성이론의 중력장 방정식(아인슈타인 방정식)과 거의 일치한다는 것을 밝혀냈다. 이 방정식은 아인슈타인 방정식에 잉여 공간의 보정항이 추가된 형태이다. 우주 초기 팽창의 방식은 조금 다르지만, 현재의 우주를 훌륭히 설명해냈다.

브레인 우주에서의 인플레이션을 설명한 이론도 등장했다. 더 나아가 이 인플레이션이 현재의 우주 구조를 설명하는 밀도 요동을 만들어낼 수 있을지에 관한 연구도 진행되고 있다. 지금까지의 인플레이션처럼 현재의 우주 구조를 설명할 수 있고 전에 없던 예언이 가능하다면, 그 예언을 관측을 통해 증명하는 것이 우리가 사는 우주가 브레인 우주라는 증거가 될 것이다. 아쉽게도 아직 그러한 증거는 찾지 못했지만, 관측 기술이 더욱 발전하면 찾을 수 있을지도 모른다.

지금까지의 빅뱅 이론과는 크게 다르고 기묘하긴 하지만 매력적인 이론도 등장했다. 스타인하르트와 투록은 두 브레인이 서로 충돌하는 것을 빅뱅이라고 주장하는 에크피로틱Ekpyrotic 우주 이론을 제창했다. 이 이름은 그리스어로 '큰불'을 뜻하는 말에서 따왔다고 한다. 서로 충돌한 두 브레인 우주는 떨어졌다가도 다시 가까워지기 때문에 충돌은 끝없이 계속된다. 이 이론에 따르면, 우주는 빅뱅과 빅 크런치를 영원히 반복한다.

소립자 물리학의 힘의 통일 이론은 인플레이션이라는 중요한 열쇠를 빅뱅 우주론에 쥐어주었으며 플랑크 시간에서 시작된 힘의 분기의 역사를 그려냈다. 하지만 확실한 이론으로 확립하는 것은 앞으로의 과제로 남았다. 마침 유럽의 새로운 입자가속기 LHC 가 힉스 입자라는 진공의 상전이를 풀어낼 단서를 찾고 있다. 머 지않아 우주론에도 새로운 장이 열리기를 기대한다.

제3장

서서히 드러나는
우주의 역사

우주배경복사 관측위성 COBE(위)와 WMAP(아래)로 관측한 우주. 전 하늘의 마이크로파 우주배경복사 지도.
(사진 제공 : NASA)

인플레이션 이론은 지평선 문제 등을 해결하여 빅뱅 이론의 기초를 다졌다. 하지만 우주는 우리에게 새로운 수수께끼를 제시한다. 1980년대부터 1990년대에 걸쳐 우주 이론의 전면적인 재검토를 요구하기라도 하듯 다양한 관측 결과가 나오면서 관측적 우주론이라는 분야가 꽃을 피웠다. 지금까지 우주의 형태를 만들어온 주역의 자리를 둘러싸고 커다란 변화가 일어난 것이다.

1. 우주의 보이지 않는 주역——암흑 물질

미지의 중력원

인플레이션 이론의 예언 중 하나는, 우주가 평탄해진다는 것이다. 그러나 인플레이션 이론이 제창된 1980년 무렵 대부분의 천문학자들은 우주를 평탄하게 만들 만큼의 물질이 없다고 생각했다. 은하의 물질과 개수밀도를 측정한 결과, 물질은 우주를 평탄하게 만들 정도의 밀도 이른바 '임계밀도'의 100분의 1에 불과하다고 추정한 것이다.

은하와 별 혹은 행성 등의 천체 그리고 우리의 몸은 모두 원자로 이루어졌다. 그리고 그 원자는 양자와 중성자가 결합한 원자핵과 전자로 이루어진다. 전자는 양자나 중성자에 비해 매우 가볍기 때문에(질량이 1800분의 1밖에 되지 않는다) 질량으로서는 무시할 수 있을 정도이다. 우주론에서는 보통 물질을, 양자나 중성자를 분류하는 소립자 물리학의 말을 빌려 '바리온'이라고 부른다.

우주를 망원경으로 들여다보면 은하나 별 이른바 바리온이 주인공처럼 보인다. 하지만 꽤 오래 전부터 우주에는 빛을 내지 않는 대량의 '무언가'가 존재한다는 의견이 있었다.

1970년 무렵, 미국의 여성 연구자 베라 루빈은 나선 은하를 관측하다, 빛나지 않는 물질이 없으면 은하 안에서 별의 회전속도를 제대로 설명할 수 없다는 것을 깨달았다. 은하 안에 있는 별의 회전속도는 그 장소의 중력이 강할수록 빠르다. 중력을 거슬러 원운동을 하려면 그만큼의 원심력이 필요한데 중력이 강한 곳일수록 빨리 회전하기 때문이다. 은하의 중심 주변에 원반형으로 도는 별밖에 없다면, 은하의 바깥쪽에서는 중력이 급격히 약해지고 별의 회전속도는 느려질 것이다. 하지만 관측된 회전 속도는 바깥쪽에서도 크게 느려지지 않았다(그림 3-1). 느려지기는커녕 밖으로 갈수록 회전 속도가 증가하는 은하도 존재했다. 이것은 은하의 바깥도 안쪽과 마찬가지로 중력이 강하다는 의미이다. 즉, 빛을 내진 않지만 중력의 근원이 되는 '무언가'가 은하 전체에 대량으로 분포한다는 것을 나타낸다.

당시에는 이 '무언가'를 '감춰진 물질' 혹은 '보이지 않는 물질'이라고 불렀지만 지금은 '암흑 물질'이라고 부른다.

은하 전체를 둘러싸고 있는 거대한 영역을 헤일로라고 하는데, 여기에 암흑 물질이 퍼져 있는 것이다. 그 후, 암흑물질은 나선은하뿐 아니라 타원은하나 다른 종류의 은하 주

그림 3-1 암흑 물질의 존재를 나타내는 나선은하의 회전속도. 암흑 물질이 없으면 바깥으로 갈수록 회전속도가 감소해야 하지만 회전속도는 거의 같다.

변이나 은하단(수백 개의 은하가 모여 있는 은하의 집단)을 둘러싸듯 존재하는 것으로 밝혀졌다.

현재까지 암흑 물질은 가시광선이나 전파로 볼 수 있는 보통 물질의 10배가량 존재하는 것으로 알려졌다.

암흑 물질은 마초인가?

암흑 물질의 정체는 무엇일까? 가장 먼저 떠오르는 것은, 빛을 잃은 별이라든지 블랙홀처럼 보이지 않는 천체이다. 별은 최후에 어두운 천체를 남기기 때문이다. 태양보다 질량이 8배 이상 작은 별의 최후는 중심부가 백색 왜성이 되고 바깥층은 가스로 바뀌어 우주 공간에 방출된다. 하늘에서 가장 밝은 별인 시리우스의 동반성은 백색 왜성이다. 백색 왜성에는 이미 에너지원이 없기 때문에 점차 식어가다 결국에는 흑색 왜성이 된다. 태양의 8~30배 정도의 질량을 가진 별은, 초신성 폭발을 일으켜 중심에 중성자별이 생긴다. 30배 이상 큰 별은, 폭발의 중심부에 블랙홀이 생긴다.

우주에 최초로 천체가 생겨나기 시작할 무렵, 종족Ⅲ라고 불리는 수많은 별들이 태어났다. 종족Ⅲ의 별들은 최후의 순간에 수많은 흑색 왜성, 중성자별, 블랙홀을 남겼을 것이다. 은하의 헤일로에는 이렇게 빛을 잃은 별들이 빛나는 별보다 수십 배는 더 많이 존재하고 있는 것이 아닐까. 안타깝게도 이 가설은 다음의 두 가지 이유로 부정된다.

남반구 하늘에서는 마젤란이 세계 일주에 나선 대항해 시대에 발견한 대마젤란성운을 볼 수 있다. 지구에서 16만 광년이나 떨어진 이 부정형 소은하는 우리은하 주위를 돌고 있는 자식 은하이다(1987년에 일어난 초신성 폭발을 기억하는 사람이 많을 것이다). 이 대마젤란성운에 있는 수많은 별들을 이용해 우리은하 헤일로의 어두운 천체를 관찰할 수 있다.

대마젤란성운의 별을 광시야 망원경으로 장시간 모니터 관측하는 것이다. 우리는 우리은하의 헤일로를 거쳐 대마젤란성운의 별들을 보게 된다. 이때 헤일로에 있는 흑색 왜성이나 중성자별 그리고 블랙홀이 별을 관측하는 시선과 겹치면서 갑자기 별빛이 밝아지거나 어두워졌다 다시 원래 밝기로 돌아가는 현상이 발생한다.

일반상대성이론이 예언한 '중력렌즈 효과'이다. 작고 중력이 강한 별 주위를 통과한 빛이 중력에 의해 굴절되면서 흡사 볼록렌즈를 통해 보는 것처럼 별빛이 더욱 밝게 보인다.

이처럼 은하의 헤일로 안에 있는 작은 천체를 마초MACHO라고 부른다(Massive Compact Halo Objects, 무겁고 작은 헤일로 물질의 약자이다).

전 세계 전문가들이 마초를 찾기 위해 애쓰고 있다. 매일 밤 약 100만 개의 별의 밝기를 측정해 그 변화를 관찰하는 것이다. 실제 대마젤란성운의 별빛이 이론 그대로 밝아지는 현상도 관측되었다. 하지만 중력렌즈 효과로 별빛이 밝아지는 현상이 워낙 적어서 은하 헤일로에 있는 암흑 물질을 설명하기에는 그 수가 부족하다. 마초는 현재 추정되는 암흑 물질의 고작 20퍼센트에 불과하기 때문에 암흑 물질을 설명하기에는 한계가 있다.

암흑 물질은 바리온인가?

암흑 물질이 어두운 천체가 아닌 두 번째 이유는, 빅뱅 초기 원소의 합성과 관계가 있다.

지구에 존재하는 대부분의 원소는 본래 별의 내부에서 합성되어 별의 폭발이나 가스 방출로 우주 공간에 퍼진다. 하지만 우주에서 수소 다음으로 많은 헬륨은 대부분 빅뱅 직후 수분간 합성된 것으로 보인다(물론 별 내부에서도 헬륨이 합성되기는 하지만 양이 매우 적은 것으로 추정된다).

  만약 암흑 물질이 별의 최후에 만들어진 흑색 왜성이나 중성자별 혹은 블랙홀이라고 한다면 암흑 물질은 보통의 물질 즉 '바리온'이라는 것이다. 그런데 암흑 물질의 양은 별이나 가스의 양으로 추측되는 바리온보다 훨씬 많다. 바리온이 그렇게 많으면, 우주 초기 바리온의 밀도가 그만큼 높았다는 것이고 헬륨은 지금보다 훨씬 많은 양이 합성되었을 것이다. 따라서 암흑 물질은 바리온이 아닌 어떤 '특이한' 미지의 물질임에 틀림없다.

  암흑 물질 후보 중 하나로, 우주 탄생 시기에 만들어진 '원시 블랙홀'이 있다. 원시 블랙홀은 우주 초기 양자와 중성자로부터 원소가 합성되는 시기보다도 훨씬 이전에 우주가 지극히 고온·고밀도 상태였을 때 생긴 블랙홀이다. 밀도가 굉장히 높았던 시기에 밀도 요동이 일어나면 일부 불균형한 부분이 성장해 작은 블랙홀이 생길 수 있다. 이 '원시 블랙홀'의 재료는 원소 합성의 시기 이전의 원시 물질이다. 원소 합성 시기에는 작은 블랙홀이었기 때문에 핵반응에 영향을 미치지 않았고 헬륨의 존재량과도 무관하기에 암흑 물질 후보가 될 수 있었던 것이다. 하지만 원시 블랙홀이 얼마나 존재하는지에 관해서는 전혀 알려진 바가 없다.

암흑 물질은 '약하고 무거운' 입자인가?

현재 가장 유력한 암흑 물질 후보는 초대칭성 이론이 예언한 '뉴트랄리노'라고 불리는, 보통 물질과는 지극히 약한 상호작용밖에 하지 않는 중입자이다.

초대칭성 가설에 대해서는 초끈 이론(제2장 5절)에서도 다루었지만 굳이 한마디로 설명하자면, 보스 입자와 페르미 입자 사이의 대칭성 이론이다. 현재까지 알려진 소립자는 모두 보스 입자나 페르미 입자이지만 서로 어떤 관계도 없다. 하지만 초대칭성 이론에 따르면, 페르미 입자는 반드시 자신의 슈퍼 파트너로서 보스 입자가 존재하고 그것은 보스 입자도 마찬가지이다. 예컨대, 스핀 값이 1인 광자(포턴)의 슈퍼 파트너로서 스핀 값이 1/2인 페르미 입자 '포티노'가 반드시 존재하는 것이다.

이러한 초대칭성 입자 중에서 가장 가볍고 안정적이며 전하를 띠지 않는 입자가 뉴트랄리노이다. 뉴트리노(중성미자)와 비슷하지만 전혀 다른 입자이다. 뉴트리노와 비슷한 점이라면, 인간의 몸이나 지구를 아무런 장애 없이 통과한다는 것이다. 따라서 검출하기가 무척 어렵다. 세계 각국의 연구자들이 노력하고 있지만, 아직까지 증거를 찾지 못했다. 하지만 빅뱅 이후 우주에 퍼진 뉴트랄리노가 지금도 지구 주위에서 대량의 암흑 물질로 존재할 가능성이 있다.

2008년 가동을 시작한 입자가속기 LHC를 통해 수년 안에 초대칭성 입자를 찾게 될 것이라는 기대를 품고 있다. 만약 그렇게 된다면, 암흑 물질이 초대칭성 입자라는 것이 분명해질 것이다.

뉴트랄리노 이외에도 액시온 입자 등의 암흑 물질 후보가 속속

등장하면서 이러한 입자를 검출하기 위한 연구가 꾸준히 이루어
지고 있다.

인플레이션에서 은하까지

암흑 물질의 정체가 밝혀지진 않았지만, 존재 자체를 의심할 수
는 없다. 은하와 같이 빛으로 관측되는 물질은 암흑 물질의 중력
에 의해 모여 있는 것이다.

앞 장에서 다루었듯이, 우주배경복사의 미세한 온도 차이로 인
플레이션이 예언한 밀도 요동이 관측되었다. 이 요동이 '짙은' 부
분은 물질(암흑 물질 및 바리온) 밀도가 높고 그만큼 중력이 세서 주위
의 물실을 강하게 끌어낭긴다. 풍부한 가스층에서 최초의 천체가
빛을 발하며 은하가 탄생하고 서서히 필라멘트 혹은 장벽 형태의
거대한 구조가 만들어지는 것이다.

이처럼 우주는 작은 구조에서 거대한 구조로 성장했다. 이를 바
텀업 시나리오라고 하는데, 뉴트랄리노 등의 중입자가 암흑 물질
일 때의 특징이다. 이들 입자는 운동 에너지에 비해 정지 질량이
압도적으로 크기 때문에 '차가운 암흑 물질'이라고 부른다.

먼 곳의 은하단을 관측하면, 우주 초기로 돌아갈 만큼 은하단
의 수가 적고 작은 구조에서 점차 커다란 구조가 형성되는 모습이
그려진다. 작은 구조든 거대한 구조든 처음에는 초기 우주의 양자
요동이 인플레이션에 의해 기하급수적으로 늘어나면서 빅뱅의 씨
앗이 되고 이후 배경복사의 요동으로 성장하면서 그것을 계기로
100억 년 동안 중력의 작용으로 형성된 것이다.

그림 3-2는 관측을 통해 본 은하의 분포도이다. 수억 광년에

걸친 벌집 혹은 장벽 형태의 구조를 볼 수 있다. 이러한 구조가 중력에 의해 만들어지는 과정이 컴퓨터 수치 시뮬레이션으로 재현되면서(그림 3-9 참조) 정체불명의 암흑 물질이 주인공인 시나리오가 유력하게 부상했다.

2007년 국제 프로젝트 COSMOS는 중력렌즈 효과를 이용해,

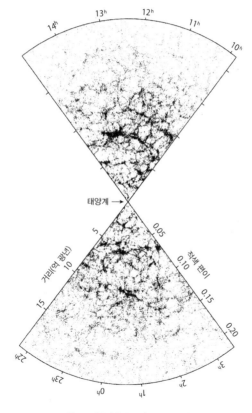

그림 3-2 우주의 은하 분포(2dF 그룹 제공).

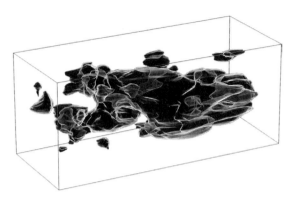

그림 3-3 암흑 물질의 3차원 지도(길이 80억 광년). COSMOS 프로젝트가 허블 우주망원경과 스바루 망원경을 이용해 그려냈다. (제공 : NASA/ ESA/ R. Massey)

우주의 거대 구조가 암흑 물실로 형성되었나는 증거라고 할 수 있는 암흑 물질의 3차원 지도를 발표했다(그림 3-3).

100억 광년 거리의 은하나 퀘이사를, 앞 쪽에 있는 은하단을 투과해 보는 것이다. 은하단의 질량 대부분을 차지하는 것은 암흑 물질이기 때문에 중력렌즈 효과로 은하의 상이 활처럼 크게 굴절돼 보이기도 한다(제1장 첫머리 사진). 반대로 중력렌즈 상을 통해 암흑 물질이 얼마만큼 존재하는지를 추정할 수 있다. 이러한 관측 자료를 방대히 쌓음으로써 은하단을 포함한 드넓은 우주 공간 안의 암흑 물질 분포를 그려내는 것이다. X선을 이용해 인체의 단면을 보는 컴퓨터 단층촬영CT과 같은 원리이다. 일본에서는 에히메愛媛대학의 다니구치 요시아키谷口義明 그룹이 스바루 망원경을 이용해 이 프로젝트에 참가하고 있다.

2. 우주의 진정한 주역——암흑 에너지

가속 팽창하는 우주

1998년 미국의 『사이언스』지는 그 해의 10대 발견 중 첫 번째로 '우주척력의 발견'을 꼽았다. 1998년에 두 곳의 큰 연구 단체가 초신성을 이용한 과거 우주의 팽창 속도 연구로, 우주가 가속 팽창하고 있다고 발표했다.

프리드만의 우주는 일정한 속도로 팽창하거나 감속하는 둘 중하나로, 가속 팽창이 일어나려면 우주항이 필요하다. 우주항의 효과가 물질의 중력을 상회하면 가속 팽창이 일어나는 것이다. 우주항이 존재하는 우주 모델은, 르메트르의 우주론이다(제1장 2절). 가속 팽창이 발견되기까지 표준 모형으로 받아들여졌던 프리드만의 우주론이 르메트르의 우주론에 그 자리를 넘겨주게 되었다.

사실 우주의 가속 팽창은 이 초신성 관측으로 처음 제기된 것은아니었다. 상황 증거이긴 했지만 이전부터 논의되고 있던 가설이었다. 초신성 관측에 대해 설명하기에 앞서 그 역사를 소개하기로하자.

우주 나이의 수수께끼

우주항의 존재를 생각하게 된 가장 큰 이유는, 우주 나이의 문제였다. 우주의 나이는 팽창 속도를 통해 근사적으로 구할 수 있다. 단순하게는, 팽창 속도가 일정하다면 허블 상수의 역수가 우주 나이가 된다(그림 1-10).

허블이 최초로 우주의 팽창 속도를 측정했을 때 비례 상수에 해당하는 '허블 상수'는 은하의 거리 1메가파섹당 초속 500킬로미터였다(1메가파섹은 약 300만 광년의 거리. 이하 허블 상수의 단위는 생략한다). 이 값을 바탕으로 계산하면, 우주의 나이는 20억 년 정도밖에 안 된다. 1945년경 방사성 동위원소를 이용한 측정법으로 지구의 나이가 약 40억 년이라는 추정치가 나왔기 때문에, 빅뱅은 거짓말이라는 주장이 나왔다.

허블의 관측 이후, 허블 상수의 값은 점점 작아졌다. 그것은 우주의 거리를 측정하는 방법이 크게 발전한 영향이 크다. 현재는 73 ± 3으로 좁혀졌지만 20세기의 마지막 30년 정도는 100이냐 50이냐를 두고 논쟁을 벌이던 시기였다. 허블 상수가 100이고, 인플레이션 이론의 예언대로 우주가 평탄힌 경우라면 우주 나이는 66억 년밖에 되지 않는다. 만약 허블 상수가 50이라면, 우주의 나이는 140억 년이 된다.

한편, 별의 관측을 통해서도 우주의 나이를 추정할 수 있다. 은하계에는 별의 진화로 생성되는 금속 원소의 함유량이 적은 것을 근거로 우주 초기에 탄생했을 것으로 생각되는 별이 있다. 이 별의 방사성 원소 구성을 분석해 연대를 측정하자 족히 100억 년이 넘었다. 또 은하 헤일로에 분포하는 구상 성단의 별의 나이도 100억 년을 훌쩍 넘는 것으로 추정된다. 만약 허블 상수가 100이고 우주의 나이가 66억 년이라면 별이 우주보다 나이가 더 많은 것이니 허블의 시대와 마찬가지로 빅뱅 우주는 커다란 위기를 맞는다.

우주항이 있다면 이야기는 어떻게 달라질까.

그림 1-10에서는 각각의 우주 이론에 대해 현재의 팽창률(허블

상수)로 우주의 나이를 추정한다. 관측을 통한 정확한 허블 상수의 값이 정해졌다 치고, 현재 시점에서 각각의 이론에 그 값을 대입했더니 과거 팽창 속도의 변화가 전부 제각각이었다. 우주항이 있는 이론(르메트르의 우주)에서는 최근에 와서 팽창이 가속하고 있다. 그 말은 곧, 과거의 팽창 속도가 작고 우주 나이는 길다는 것이다. 현재의 허블 상수가 100이든 50이든 우주 나이의 모순이 사라지는 것이다. 이처럼 우주항의 개념이 있는 편이 설명하기 쉽다는 것을 과거 십수 년의 관측의 역사 속에서 말해주고 있다.

표준 광원으로서의 초신성

그럼 이제 우주의 가속 팽창이 밝혀지게 된 경위에 대해 이야기해보자.

허블의 시대나 지금이나 우주의 팽창을 측정할 때 가장 어려운 문제는 멀리 떨어진 천체의 거리를 측정하는 일이다. 별의 후퇴 속도는 빛의 스펙트럼 관측(적색편이)으로 정도 높은 측정이 가능하다. 만약 밝기가 이미 알려진 천체(표준 광원)가 있다면, 그 밝기로 거리(팽창하고 있다는 사실에 유의)를 측정할 수 있을 것이다. 과거 표준 광원의 밝기를 조사하면, 팽창 속도가 어떻게 바뀌어 왔는지를 알 수 있다. 원리를 단순화해서 설명하면, 평탄한 우주의 경우 팽창이 가속화하면 표준 광원은(프리드만 이론에서 예상했던 것보다) 어둡게 보인다(그림 3-4a).

그렇다면 우주에서 표준 광원으로 이용할 만한 천체가 있을까? 무엇보다 100억 광년이나 떨어져 있어도 지구에서 관측할 수 있을 만큼 밝아야 한다. 그렇게 생각해낸 것이 초신성이었다.

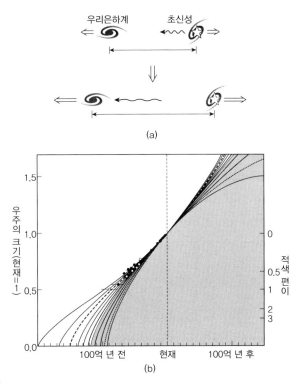

그림 3-4 초신성을 표준 광원으로 이용한 우주 팽창 관측. (a)우주가 팽창하고 있기 때문에 초신성의 빛이 지구에 도착하기까지의 파장이 길어진다(적색편이). 가속 팽창하는 경우, 등속 팽창에 비해 빛이 도달하는 거리가 멀기 때문에 초신성은 더욱 어둡게 보인다. (b)우주의 팽창이 가속한다는 것을 나타낸 관측 결과(사울 펄무터, Physics Today(2003)에 의거). 곡선은 가속 팽창, 감속 팽창, 수축하는 경우의 예를 나타낸다. 어두운 부분이 감속 팽창.

초신성은 크게 Ⅰ형과 Ⅱ형으로 분류되며 그보다 더 세밀하게 분류되기도 하는데 그중에서도 Ⅰa형이라고 불리는 초신성은 최대 광도가 거의 일정하다. Ⅰa형 초신성은 백색 왜성과 보통 별의 쌍성계에서 생겨난다고 알려진다. 이 쌍성계에서는 백색 왜성이 보통 별이 방출한 가스를 흡수한다. 백색 왜성이 흡수해 쌓인 가스가 일정량을 초과하면 열핵반응을 일으켜 초신성 폭발이 일어나는 것이다. 초신성마다 최대 광도에 다소 차이가 있지만 거기에도 규칙이 있기 때문에 보정이 가능하다. 광도가 빠르게 줄어들수록 최대 광도가 작고 느릴수록 최대 광도가 크다. 즉, 광도가 줄어드는 속도를 보면 정확한 최대 광도를 알 수 있다.

이로써 1990년대에는 Ⅰa형 초신성이 표준 광원으로 쓰이게 되었다.

암흑 에너지의 등장

1998년 미국의 로렌스 버클리 국립 연구소의 사울 펄무터가 이끄는 '초신성 우주론 프로젝트팀'과 호주의 마운트 스트롬로 천문대의 브라이언 슈밋이 이끄는 '고적색편이 초신성 탐사팀'은 "현재의 우주에는 '진공 에너지'가 가득 차 있고 그로 인해 우주는 가속 팽창을 하고 있다"고 발표했다. 이 발표가 가져온 반향은 앞서 소개한 바 있다.

그들은 우주 팽창을 가속하는 에너지를 진공 에너지라고 보았지만, 오늘날 그 에너지는 일반적으로 '암흑 에너지'라고 불린다. 암흑 에너지는 아인슈타인의 우주항에 대응하는 척력의 작용을 하지만 물리적 실체는 분명하지 않다. 제2장에서 다루었던 진공 에너지일 가능성도 있고 동일시되는 경우도 많다.

초신성 관측으로 가속 팽창이라는 결론을 이끌어내기까지 수많은 검토가 이루어졌다. 예컨대, 그 초신성이 속한 은하의 먼지가 빛을 흡수하는 효과도 정확히 고려하지 않으면 안 된다. 또 멀리 떨어진 은하일수록 우주 초기에 가까운 은하이기 때문에 은하의 나이가 젊다. 젊은 은하에서는 중원소 합성이 이루어지지 않을 것이다. 중원소가 적은 별이 초신성 폭발을 일으켰을 때 과연 초신성의 광도는 같을까? 이러한 은하의 진화 효과가 결과를 바꿀 정도는 아니라고 하지만 모든 걱정이 해소된 것은 아니다. 1998년 이후에도 관측 자료가 꾸준히 축적되면서 우주의 가속 팽창은 더욱 확실시되었다(그림 3-4b).

우주 이론과의 대비(자세한 내용은 제4절)로, 우주항에 상당하는 암흑 에너지 밀도를 계산해냈다. 그리하여 우주를 구성하는 에너지는 암흑 에너지가 73%, 암흑 물질이 23%, 천체와 가스 등의 보통 물질이 4%의 비율로 이루어졌다는 것을 알게 되었다(그림 3-5. 이 도표는 제4절에서 다루는 WMAP의 관측까지 포함한 결과이다).

보통 물질은 우주 전체의 팽창과 운명을 결정하는 데 있어 점점 더 조연의 자리로 밀려나고 있다.

우주항의 부활은 인플레이션 이론에 상당히 유리하다. 인플레이션 이론은 '우주는 평탄하다'고 예언하지만 관측적으로는 우주를 평탄하게 만들 만큼의

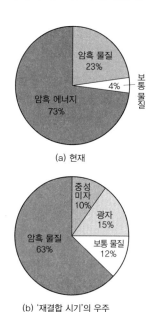

(a) 현재

(b) '재결합 시기'의 우주

그림 3-5 현재와 우주 초기의 우주의 구성. 에너지 밀도로 환산했다.

물질이(암흑 물질을 포함해도) 존재하지 않는다. 그런 문제점을 암흑 에너지가 보완해주는 것이다.

3. 제2의 인플레이션?

인플레이션 이론의 견해에 따르면, 우주가 가속 팽창한다는 것은 우주 안에 진공 에너지가 존재한다는 것을 의미한다. 그렇다면 현재 우주에서는 '제2의 인플레이션'이 진행되고 있는 것일까?

제2의 인플레이션의 의미를 생각해보자. 그러려면 우주의 상전이의 역사를 되돌아볼 필요가 있다.

진공의 역사

그림 3-6은 우주 안에서 진공 에너지와 물질(암흑 물질을 포함한)의 밀도가 어떻게 변화했는지를 나타낸다.

인플레이션에 의해 생겨난 물질은, 기본적으로 늘거나 줄어들지 않는다. 다만, 우주의 팽창과 함께 밀도가 작아진다. 한편, 진공 에너지의 밀도는 팽창에 관계없이 일정하며 상전이가 일어나면 일거에 줄어들기 때문에 몇 번의 상전이를 거치면서 계단식으로 변화해왔다.

먼저, 플랑크 에너지에서 제1차 상전이가 일어나 중력이 생긴다. 제2차 상전이에서는 강력과 전약력의 분기(대통일 이론에 대응)와 동시에 인플레이션이 일어난다. 다음으로 전자력과 약력의 분기(와인버그·살람 이론에 대응)와 함께 제3차 상전이가 일어난다. 제4차 상

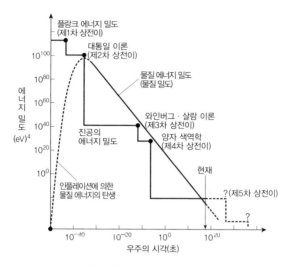

그림 3-6 우주의 진공 에너지 변화. 인플레이션으로 진공 에너지가 풀려나 급격히 낙하했다. 그 후 상전이가 일어날 때마다 낙하를 반복하며 진공 에너지는 계단식으로 변화해왔다. 한편, 물질 에너지 밀도는 우주의 팽창과 함께 단조로운 감소 경향을 보인다.

전이에서는 그때까지 자유롭게 날아다니던 쿼크가 갇히면서 양자나 중성자로서 존재하기 시작한다.

제2장의 상전이에 관한 설명에서는 진공의 상전이가 끝나면 진공 에너지는 방출되어 0이 된다고 썼지만 현실에서는 그렇지 않다. 예컨대, 대통일 이론에 관계된 상전이에서 진공 에너지는 10^{100}에서 10^{40}까지 60 자릿수나 떨어진다. 원래 에너지와 비교하면 0이라고 해도 이상할 것이 없지만 '현미경으로 보면' 분명히 남아 있는 것이다.

그림 3-6에서 물질의 선은 때로 진공 에너지의 선에 근접하지만 결코 그 밑으로는 내려가지 않는다. 진공 에너지의 밀도가 물

질 밀도를 웃돌면 그 척력에 의해 인플레이션을 일으키기 때문이다. 하지만 현재 관측되는 가속 팽창은 진공 에너지의 밀도가 물질 밀도를 웃도는 상태로 인플레이션이 일어나고 있다고 볼 수 있는 것이다.

100 자릿수의 우연한 일치?

우주가 제2의 인플레이션을 시작했다는 것을 인정하면, 실로 기묘한 문제가 생긴다.

그림 3-6을 다시 한 번 보자. 약 60억 년 전에 진공 에너지의 선이 물질 밀도와 교차하는데, 이 도표의 눈금으로는 현재와 거의 겹치고 있다. 현재의 우주에서는 진공 에너지가 물질 밀도보다 세 배 가량 높은데 그림과 같이 자릿수로 보면 둘은 거의 같은 수치이다. 하지만 현재의 물질 밀도와 진공 에너지 밀도는 물리학적으로나 우주론적으로 아무런 관계가 없다. 아무 관계도 없는 양은, 다른 것이 당연하다. 게다가 인플레이션이 끝날 무렵의 우주 초기에는 물질 에너지의 밀도가 현재보다 100 자릿수 이상 높았다. 이처럼 값이 100 자릿수 이상 변화하는 양이, 아무 관계도 없는 진공 에너지의 밀도와 일치하는 이유가 무엇일까? 그저 우연히 현재 시점에서 일치하게 된 것일까? 이것을 '우연성 문제'라고 한다.

이 수수께끼가 풀리면, 우주의 더욱 심오한 진리가 밝혀질 것이라고 생각한다. 이 수치의 일치가 단순한 우연이 아니라는 것이 밝혀진다면, 완전히 새로운 우주론의 문을 열어줄 열쇠가 될 것이다.

제2의 인플레이션은 언제 끝날 것인가

제2의 인플레이션이 사실이라고 해도 우주 초기의 진공 에너지보다 120 자릿수 이상이나 작기 때문에 상당히 완만한 인플레이션이다. 인플레이션은 일정 시간이 지나면 우주의 크기가 갑절로 커지는 지수 함수적인 팽창이다. 우주 초기의 인플레이션은 이론에 따라 차이가 있기는 하지만 초창기 이론에서는 10^{-36}초 만에 배로 커지는 급격한 팽창이었다. 그에 비해 지금 일어나고 있는 인플레이션은 수십 억 년에 걸쳐 2배가 되는 완만한 팽창이다.

우주 초기 인플레이션이 끝났을 때처럼 현재의 진공 에너지도 '제5의 상전이'가 일어나면서 사라지는 것일까. 하지만 이렇게 생각하는 물리적인 이유도 아직은 갖고 있지 않다. 이 상전이로 새로운 '힘'이 분기하는 것일까. 우리는 지금 '네 가지 힘'밖에 알지 못한다. 앞으로 무슨 일이 벌어질지 예측하는 물리학적 근거도 아직은 없다.

4. 정밀하게 측정된 불덩어리 우주

우주론 매개변수

프리드만의 해는 허블 상수와 현재의 우주 밀도라는 두 가지 매개변수를 포함한다. 관측을 통해 이러한 매개변수를 결정하면, 우주의 팽창을 기술하는 식이 정립되고 우주의 나이나 곡률 등이 정해진다.

르메트르의 해는 프리드만의 해의 두 가지 매개변수에 우주항이라는 새로운 변수를 넣어 세 가지 매개변수로 정립된다.

20세기 말, 허블 상수를 구하기 위해 '허블 우주망원경 키 프로젝트'가 시행되면서 오차 10% 범위 내에서 허블 상수를 측정할 수 있었다. 이 프로젝트 팀의 리더인 W. 프리드만은 1998년 허블 상수를 72±8이라고 발표했다.

또 초신성 그룹의 우주항 관측 자료 등을 통합해 우주의 나이를 137억 년이라고 결정했다.

관측 위성 WMAP

2001년 6월 미항공우주국NASA은 COBE의 후속기인 우주 배경복사 관측위성 MAPMicrowave Anisotropy Probe를 발사했다.

MAP는 발사 직전에 세상을 떠난 우주 배경복사 관측 분야의 대부 D. 윌킨슨의 이름을 따 WMAP라고 불리게 되었다.

WMAP는 배경복사의 공간 요동을 COBE보다 30배나 더 자세히 관측할 수 있는 위성이다. 다니엘 골든 당시 NASA 국장은 보다 좋게, 보다 싸게, 보다 빠르게라는 방침 아래 COBE에 비해 굉장히 짧은 준비 기간을 거쳐 위성을 발사했다. 같은 시기에 설계된 유럽 우주기관ESA의 우주 배경복사 관측 위성 PLANCK는 설계 성능이 높기는 하지만 아직 발사되지 못했다.

COBE가 지구의 극궤도를 도는 인공위성이었다면 WMAP는 달보다 먼 L2포인트라고 불리는 궤도에서 관측하도록 설계되었다. L2포인트란, 태양과 지구의 중력이 균형을 이루는 점(라그랑주 점)의 하나이다(그림 3-7). 이곳에서는 정밀 관측에 방해가 되는 지구의 잡음을 상당 부분 피할 수 있다.

달 궤도 너머를 관측하는 우주 배경복사 관측위성은 WMAP가 처음은 아니었다. 구소련은 COBE 이전에 관측장치 RELIKT-1을 위성에 실어 발사해 배경복사의 요동을 관측했다. RELIKT-1은 WMAP는 물론 COBE의 복사측정 장치 DMR에 비해서도 훨씬 간단한 장치이다. 배경복사 요동의 발견은 COBE-DMR에 양보했지만 위성을 달보다 멀리 보낼 수 있었던 것은 강력한 로켓이 있었기 때문일 것이다.

그리하여 우주론 연구자들이 고대하던 WMAP의 성과는 치밀한 해석을 거쳐 2003년 2월에 발표되었다.

첫 번째 성과는, 모두의 기대대로 COBE의 관측 결과를 더욱 정밀한 관측을 통해 확실하게 재인식했다는 것이다. COBE와 WMAP가 관측한 우주 배경복사 지도를 보면 알겠지만 큰 스케일에서 전파의 강약을 나타내는 농담의 패턴은 완전히 똑같다(본 장의 첫머리 사진 참조). COBE가 아슬아슬한 성능에도 훌륭한 분석 방법으로 그려낸 배경복사의 요동은 진짜였던 것이다.

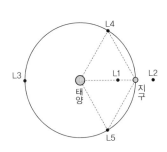

그림 3-7 라그랑주 점. 태양과 지구에 대해 상대적인 위치 관계가 일정해지는 다섯 개의 궤도(점)가 존재한다. WMAP는 L2에서 관측하고 있다.

2006년 COBE 관측 팀의 총책임자인 J. 매더와 복사측정 장치 DMR의 리더 G. 스무트는 노벨 물리학상을 수상했다. COBE-DMR의 배경복사 요동의 발견은 과학사에 길이 남을 업적이기 때문에 언젠가 노벨상을 받았겠지만 노벨상 위원회도 WMAP가 COBE의 관측 결과를 뒷받침함으로써 안심하고 상을 수여할 수 있었던 것이 아닐까.

우주 이론의 결정

WMAP의 두 번째 성과는 이제까지의 표준적 빅뱅 이론의 정확
성을 증명한 것이다. WMAP 관측 팀은 치밀한 자료 분석으로, 르
메트르의 해를 바탕으로 한 우주론의 매개변수에 대해 오차범위
가 적은 측정 결과를 내놓았다. 대부분의 우주론 연구자들이 깜짝
놀랐을 만큼 인플레이션을 포함하는 표준 빅뱅 이론과 일치하는
결과였던 것이다.

미국 물리학회장을 지낸 프린스턴 고등연구소 교수이자 우주물
리학계의 중진인 존 바콜은 'WMAP는 혁명적인 것이 없는 것이
혁명적'이라며 WMAP의 성과를 칭송했다.

WMAP가 구한 르메트르 우주의 세 가지 매개변수는 다음과 같다.

(1) 허블 상수(H_0) 73 ± 3

(2) 물질 밀도(바리온과 암흑 물질의 합계, Ω_m) 0.241 ± 0.034

(3) 암흑 에너지의 밀도(Ω_Λ) 0.73

에너지나 물질 밀도의 매개변수는 임계밀도에 대한 비로 나타
난다. 물질 밀도와 암흑 에너지 밀도의 합계($\Omega_m + \Omega_\Lambda$)는 거의 1이
며, 이것은 우주가 평탄하다는 것으로 인플레이션의 예언과 일치
한다.

또 우주를 평탄한 상태($\Omega_m + \Omega_\Lambda = 1$)로 보고 다시 해석하면, 다음과
같은 수치를 얻을 수 있다.

(1) 허블 상수(H_0) 68

(2) 물질 밀도(Ω_m) 0.24

(3) 암흑 에너지의 밀도(Ω_Λ) 0.76

르메트르의 우주론은 이 세 가지 매개변수로 결정되기 때문에 그 값으로 우주의 나이를 구할 수 있다. 그렇게 나온 값이 137±2억 년이다. 현재 우주의 나이를 묻는다면, 많은 우주물리학자들이 이 수치로 대답할 것이다.

불덩어리 우주의 모습

WMAP의 해석 방법을 더 정확히 말하면, 앞서 말한 세 개의 매개변수 외에도 우주 초기의 불덩어리 상태를 지정하는 수치까지 포함해야 한다.

불덩어리 우주는 전리 상태였다. 빛이 자유롭게 날아다니던 전자와 충돌해 직진하지 못하고 흡사 구름 속에 있는 듯한 상태였다. 구조가 있었다고 해도 사진과 같은 이미지로 찍을 수는 없다. 하지만 온도가 내려가면서 전자와 양전자가 사라지고 남은 전자도 원자에 갇히면서 물질이 중성의 가스가 되자 빛은 직진할 수 있게 된다(재결합 시기). 재결합 시기를 비행기가 구름을 뚫고 나온 것에 비유하면, 배경복사의 공간 요동은 비행기가 뚫고 나온 후의 구름의 표면이라고 할 수 있다.

조금 복잡해지긴 하지만, 재결합 시기 우주의 상태를 나타내는 매개변수는 앞서 말한 세 가지와 함께 다음의 네 가지가 있다.

(4) 바리온 밀도의 매개변수(암흑 물질과 바리온은 행동 패턴이 다르다)

(5) 밀도 요동이 파장마다 어떻게 변화하는지를 나타내는 스칼라 분광 지수

(6) 밀도 요동의 진폭 세기

(7) 재전리화 시기(우주의 재결합 시기 이후, 전기적으로 중성이 된 원자가 우주에서 최초로 생겨난 천체의 강한 자외선 등에 의해 전리하는 시기)

이러한 매개변수를 포함함으로써 최초의 밀도 요동을 계기로 중력에 의해 모여든 물질이 은하를 형성해가는 역사와 WMAP 등으로 관측된 우주 배경복사의 세밀한 불균형까지 완벽하게 재현할 수 있는 것이다(그림 3-8). 그림 3-8의 가로축은 배경복사의 불균형을 나타내는데, 관측 값과 이론이 정확히 일치한다. 그렇게 얻은 매개변수는 다음과 같다.

바리온 밀도의 매개변수 0.04±0.002

밀도 요동의 스칼라 분광 지수 0.958±0.016

역시 우주에서 보통 물질이 차지하는 비율은 극히 일부분이다. 또한 스칼라 분광 지수는 인플레이션이 예언하는 1에 거의 일치한다. COBE의 관측과 마찬가지로, 인플레이션 이론을 뒷받침하는 수치이다. 스칼라 분광 지수가 미묘하게 1보다 작은 것은, 관

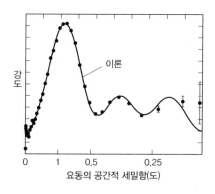

그림 3-8 WMAP가 관측한 배경복사 온도 요동의 세밀한 공간 분포(각도 상관).

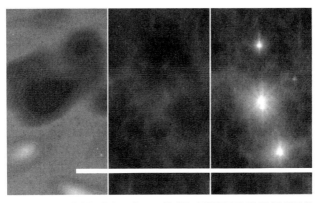

그림 3-9 우주 구조 형성의 모식도(NASA/WMAP 그룹 제공). 배경복사의 요동(좌측 끝)에서 출발해 현재의 우주(오른쪽 끝)에 이른다.

측의 정밀노가 부속해서인지 아니면 실제 수치가 다른 것인지 현재로서는 알 수 없다. 만약 후자라면, 인플레이션이 일어나는 방식이 표준적 인플레이션 이론과 다른 것일 수도 있다. 그렇다면 우주 배경복사를 통해 더욱 상세한 우주 초기의 정보를 얻을 수 있다는 것이니 이론가로서는 굉장히 흥미로운 일이다.

일곱 가지 매개변수로, 우주의 재결합 시기가 우주 탄생 이후 38만 년이라는 것을 알게 되었다. 이번 장 첫머리에 타원형으로 그려진 우주 배경복사의 전파가 직진하게 된 것이 바로 이 시기이다(다만, 당시 파장의 절정은 전파가 아니라 적외선이었다).

밀도 요동의 스칼라 분광 지수나 진폭과 같은 매개변수가 결정된 것은, 우주 탄생 이후 38만 년 무렵에 어떠한 밀도 요동이 존재했는지 알게 됐다는 것이다. 이 밀도 요동에서 중력에 의해 은하 등의 천체가 어떻게 생겨나는지를 나타낸 것이 그림 3-9의 모식도이다. 컴퓨터 시뮬레이션 결과는, 현재 우주의 모습을 훌륭하

120

게 재현한다. 최근에는 M. 겔러와 그녀의 연구팀이 처음 발견한 은하의 거대 장벽(그레이트 월), 그보다 더 많이 모여 있는 벌집 모양의 구조까지 SDSS 그룹 등의 관측을 통해 볼 수 있게 되었는데, 이 구조가 컴퓨터 시뮬레이션으로 재현되는 것이다.

5. 우주의 비밀은 풀린 것인가?

지금까지 이야기한 것처럼 아인슈타인 이후 약 100년 동안 우주론은 우주의 탄생에서부터 현재까지의 우주의 진화를 연구해왔다.

관측과 이론이 거의 완전하게 일치하는 것은, 이론가의 예언이 증명되는 더없이 기쁜 일이다. 하지만 동시에 본질에 도전할 연구가 없어진다는 의미이기 때문에 연구자에게는 실업의 위기가 닥치는 셈이다. 우주론의 세계적인 권위자인 옥스퍼드대학의 J. 실크 역시 어떤 위기감을 느꼈는지 다음과 같은 발언을 했다. '우주론은 결코 끝난 것이 아니다. 그 시작 단계가 끝났을 뿐이다.'

'시작의 끝'이란 제2차 세계대전 당시 영국의 수상이었던 W. 처칠이 나치 독일과의 불리한 전투에서 조금씩 전황이 호전되기 시작했을 때 군인들의 사기를 높이기 위해 연설에서 인용한 말이다. 'Now this is not the end. It is not even the beginning of the end. But it is, perhaps, the end of the beginning.'

우주론은 분명 100년의 시간 동안 대략적인 우주 진화의 뼈대를 완성했다. 하지만 여기에 살을 붙여나가는 작업은 이제부터이다. 또 과학사에 늘 있는 일이지만, 알면 알수록 이제껏 깨닫지 못했던 새로운 수수께끼가 나타난다. 암흑 물질과 암흑 에너지의 정체는 여전히 오리무중이다. 실크의 말처럼, 우주론은 앞으로 더욱 흥미로워질 것이다.

암흑 에너지의 비밀에 다가가다

현재, 암흑 에너지의 비밀을 풀기 위한 다양한 연구가 이루어지고 있다.

미국의 한 과학자는 암흑 에너지에 '퀸테센스quintessence'라는 이름을 붙였다. 우리말로 옮기면 '제5원소'라는 뜻이다. 그리스 시대에는 물, 불, 흙, 바람의 4원소에 대하여 다섯 번째 미지의 물질을 이렇게 불렀다고 한다. 그 이름을 빌려 암흑 에너지를 제5원소라고 부른 것이다.

그 미지의 물질은 시간의 경과와 함께 변화해 마침 현재의 물질밀도와 일치하게 되었다. 어떻게 일치하는지에 대해서는 설명하

122

지 않는다. 이런저런 수치를 적당히 조절해 관측에 끼워 맞춘 것 뿐이지만, 암흑 에너지의 시간적 변화를 나타내는 이론 중 하나로, 암흑 에너지의 비밀을 풀 힌트가 될 수도 있을 것이다.

앞서 이야기한 제2의 인플레이션 역시 확실치 않다. 설령 인플레이션이 일어났다 해도 의문은 남는다. 이론물리학자로서 이런 상황은 환영할 일이다. 물리학이 진보하기 위해서는 새로운 수수께끼가 필요하기 때문이다.

생각해보면, 상대성이론이 탄생한 것은 광속에 가까운 현상이 밝혀지면서 뉴턴 역학의 한계가 분명해졌기 때문이었다. 마찬가지로, 현재의 인플레이션 이론이나 빅뱅 이론이 근본적으로 잘못된 것은 아니더라도 뉴턴 역학에 대한 상대성이론처럼 보다 깊은 진리가 발견되기를 기대하고 있다.

예컨대, 최근에는 브레인 우주론에 관한 연구가 활발하게 이루어지고 있다(제2장 5절). 초끈 이론이 시사하는 바로는, 고차원 공간 안에 3차원의 막(브레인)이 존재하는데 그것이 우리가 사는 우주이다. 많은 연구자들이 이 이론을 통해 우주의 탄생부터 인플레이션 그리고 현재의 가속 팽창을 설명하기 위해 애쓰고 있다.

한편, DGP 모델이라고 불리는 이론(DGP는 세 명의 연구자들의 이름 앞 글자를 딴 것이다)에서는 우주론적인 스케일에서는 아인슈타인의 일반 상대성 이론이 바뀌기 때문에 우주가 가속 팽창을 하는 것이라고 설명한다. 이 이론에는 암흑 에너지가 불필요하다. 하지만 이 이론이 우주론 전체와 모순되지 않고 현재의 가속 팽창을 설명할 수 있을지는 아직 확실치 않다.

새로운 관측 계획

관측적 연구도 크게 진보하고 있다. 미국 항공우주국은 '아인슈타인을 넘어서The Beyond Einstein'라는 프로그램을 계획해 우주론 연구에 박차를 가하고 있다. 그중 하나가 멀리 떨어진 은하를 최대한 많이 관측해 암흑 에너지의 성질을 밝히는 '암흑 에너지 탐사 계획Dark Energy Probe'이다.

허블 우주망원경의 뒤를 이을 지름 6.5미터의 제임스 웹 우주망원경JWST도 2013년 발사될 예정이다(제임스 웹은 NASA의 제2대 국장). 또한 스바루나 케크 망원경 등 현재 활약하고 있는 지름 8미터급의 지상망원경에 이어 일본, 미국, 유럽의 연구자들에 의한 지름 30미터의 지상망원경 건설 계획도 진행되고 있다.

과거 COBE가 우주 탄생 38만년 후의 우주 지도를 그려냈듯이, 장래에는 인플레이션이 일어날 무렵의 지도를 그릴 수 있을지 모른다. 전자파로 불투명했던 우주 초기도, 중력파에는 투명하기 때문에 원리적으로는 인플레이션 초기의 '우주 요동'을 관측할 수 있다. 그 첫 걸음으로, 우주에 세 대의 인공위성을 쏘아 올려 중력파를 관측하는 LISA프로젝트를 NASA와 ESA가 공동으로 추진하고 있다.

우주론은 이제 '이론'이 아닌 '학문'의 영역이 되었다. 21세기 전반에는 관측적으로도 풍부한 우주 진화의 묘사가 가능하지 않을까.

제4장
우주의 미래

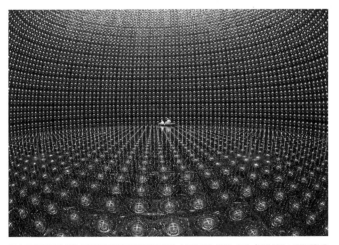

슈퍼 가미오칸데의 내부. 광전자 증배관이 부착되어 있다. 수조에 물을 채우는 모습. (사진 제공 : 도쿄대학 우주선 연구소 가미오카 우주소립자 연구시설)

우리가 사는 우주의 미래는 과연 어떤 모습일까? 우주의 미래는 그 탄생만큼이나 흥미로운 주제이다. 하지만 우주의 미래에 대한 연구는 우주의 탄생이나 오늘에 이르는 우주의 진화에 비하면 한참 부족하다. 우주의 미래에 대한 논문을 써도 실제 문제로서, 관측적 증명이 불가능하기 때문이다.

우주론에서의 미래는 최소 수억 년 이상의 일이기 때문에 과학자가 살아 있는 동안에는 확인할 수 없다. 수억 년 후 미래에 대해 예언한대도 훗날 과학의 진보를 생각하면 무의미한 일이 되어 있을 가능성이 높고 애초에 인류가 존속하고 있을지조차 불확실하다. 분명한 한계가 있기는 하지만 우리는 자신이 살아가는 우주의 미래에 대한 호기심을 떨칠 수 없다.

우주의 미래는 크게 두 가지 가능성이 있다. 첫 번째는 현재의 가속 팽창이 영원히 계속되는 경우이다(경우 I). 우주는 끝없이 팽창해 지극히 희박한 우주가 될 것이다. 한편, 현재 진행되고 있는 제2의 인플레이션이 우주 탄생 당시 제1의 인플레이션이 끝났듯 언젠가 끝나는 경우이다(경우 II).

1. 끝없이 가속 팽창하는 우주

드 지터 우주

지금 일어나는 가속 팽창을 현재의 암흑 에너지 수치로 계산하면 대략 60억 년 전부터 팽창이 시작된 것으로 보인다. 즉, 우주가 탄생한 지 약 80억 년이 경과했을 무렵 팽창에 의해 물질(암흑

물질과 보통 물질) 밀도가 낮아진 결과, 암흑 에너지가 우주의 주요 에너지가 되면서 가속 팽창이 시작된 것이다. 약 60억 년 전, 가속 팽창의 초기 단계에서는 물질에 작용하는 중력 때문에 가속이 완만하게 진행되었다. 하지만 팽창이 계속될수록 물질 밀도는 점차 암흑 에너지의 밀도보다 낮아졌다. 이대로 100억 년 넘게 팽창이 계속된다면 물질 밀도는 암흑 에너지 밀도의 10분의 1 이하가 된다. 암흑 에너지가 우세해지면 우주는 지수 함수적으로 팽창한다.

이 우주는 아인슈타인이 일반상대성이론을 완성한 직후인 1917년경 빌렘 드 지터가 제창한 우주 이론에 상응한다. 이 이론은 우주항이 존재하고 물질 밀도가 0인 우주를 나타낸다. 당시에는 우주가 팽창한다는 사실을 몰랐고 애초에 드 지터 자신도 이 이론이 지수 함수적인 급팽창을 한다는 것을 인식하지 못했다. 다만 우리가 섬 우주 즉, 우리은하라는 독립된 우주에 살고 있다는 인식은 널리 퍼져 있었다. 그가 생각했던 우주는, 섬 우주 바깥에 아무것도 없는 공허한 공간이 펼쳐져 있는 것이었다. 이러한 묘사는 18세기 말 윌리엄 허셜이 그린 별들의 공간 분포를 통해 우리가 렌즈 형태의 별들의 집단 안에서 살고 있다는 것을 알게 되면서부터 자리 잡은 인식이었다(그림 4-1).

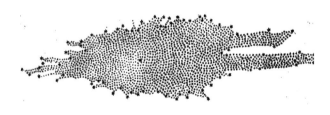

그림 4-1 윌리엄 허셜(1738~1822)이 그린 은하계. 무한히 펼쳐진 공허한 공간에 우리은하계만이 존재한다.

시야에서 사라지는 은하

가속 팽창하는 우주 이론의 특징은, 멀리 있는 천체가 점차 우리의 시야로부터 사라지는 것이다.

우리은하 밖에는 우리은하와 비슷한 무수한 은하가 분포하고 있다. 현재 100억 광년 넘게 멀리 떨어진 다수의 은하가 속속 관측되고 있으며 이들 은하는 광속에 가까운 속도로 우리은하로부터 멀어지고 있다. 100억 년 후 우리의 자손들은 이들 은하를 보지 못할 것이다. 모두 '사건의 지평선' 너머로 사라질 것이기 때문이다. 사건의 지평선이란, 우주의 일정 시각 먼 우주를 관측할 때 볼 수 있는 한계 거리이다. 지수 함수적 가속 팽창을 하는 우주론에서는 이 거리를 '드 지터 길이'라고 부른다. 현재의 암흑 에너지 수치로 계산하면, 그 거리는 약 170억 광년이다. 앞으로도 멀리 있는 은하는 잇따라 이 거리를 넘어 우리의 시야에서 사라질 것이다.

반대로, 감속 팽창을 하면 시간이 흐를수록 팽창 속도가 감소하기 때문에 멀어서 보이지 않았던 은하도 시야에 들어온다. 무한한 시간만 있다면 무한히 먼 곳까지도 볼 수 있다. 사건의 지평선은 무한대이다. 암흑 에너지의 존재를 모르던 시절, 감속 팽창을 주장했던 프리드만의 우주론에서 그러한 논의가 있었다.

L. 크라우스의 관측에 의하면 1000억 년 후에는 대다수 은하의 적색편이량이 5천을 넘는다. 하지만 우리은하와 중력적으로 결합해 있는 가까운 은하는 팽창의 영향을 받지 않기 때문에 우리은하로부터 멀어지지 않는다. 다만, 그 모습은 형체도 없이 사라질 것이다.

국소 은하군의 합체

우리은하는 대마젤란운이나 소마젤란운 등의 동반 은하를 가지고 있다. 그리고 이웃 은하인 안드로메다은하와 짝을 이뤄 서로의 주위를 공전한다. 안드로메다은하도 주변에 M32나 M110 등의 동반 은하를 가지고 있다. 우리은하와 안드로메다은하를 중심으로 모여 있는 40여 개의 크고 작은 은하를 '국소局所 은하군'이라고 부른다.

이러한 동반 은하는 장래에 점차 주인 은하에 합체해 사라질 것으로 보인다. 나가미네 겐타로長峰健太郎(네바다대학)의 컴퓨터 시뮬레이션에 의하면, 안드로메다은하와 우리은하는 앞으로 20억 년 후에 크게 가까워질 것이라고 한다. 이때 두 은하가 합쳐지진 않지만 두세 차례 공전을 거듭한 50억 년 후 두 은하가 충돌·합체하면서 하나의 타원 은하가 된다. 이렇게 국소 은하군은 충돌 시 비산하는 '비말' 부분을 제외하면 100~150억 년 후에는 대부분 합체해서 거대한 '초은하'가 되는 것이다.

우주에서 진행되었던 거대 구조의 형성은 300억 년 후에는 가속 팽창의 효과로 완전히 멎는다. 1000억 년 후 우리의 자손이 이 초은하 어딘가에 생존한다면, 그들이 볼 수 있는 우주는 자신들이 사는 초은하와 주위의 공허한 공간뿐일 것이다.

크라우스는 1000억 년 후 우리의 자손들이 인식하는 우주는 18세기 허셜이 그린 '섬 우주'와 같을 것이라고 지적한 바 있는데, 그 말 그대로인 것이다. 그것은 100년 전 드 지터가 우주항을 포함한 아인슈타인 방정식을 풀어서 구한 드 지터 우주와 다름없다.

빅뱅 이론의 쇠퇴?

더 나아가 크라우스는 이 시대 우리의 자손이 1000억 년 전의 고문서를 통해 '우주가 빅뱅으로 시작되었다'는 '가설'이 있었다는 것을 알았다고 해도 관측적 근거는 찾지 못할 것이라고 강조했다.

복습하자면, 우주가 빅뱅으로 시작되었다는 관측적 근거는 세 가지가 있다(제1장 3절). 첫 번째는, 허블이 발견한 은하의 균일 운동이다. 하지만 1000억 년 후 우리가 볼 수 있는 은하는 존재하지 않는다.

두 번째는, 원소의 기원에 관련한 것이다. 우주 초기에 대량의 헬륨이 합성되는데, 그 양은 중량 대비 약 24퍼센트이다. 한편, 137억 년이 지난 현재까지 항성 내부에서 합성되는 헬륨의 양은 수 퍼센트에 불과하다. 빅뱅으로 합성된 양이 훨씬 많다. 즉, 현재 우주에 대량의 헬륨이 존재하는 것은 빅뱅의 강력한 증거이다. 하지만 1000억 년 후에는 별의 내부에서 합성된 헬륨이 누적되어 훨씬 많은 양이 존재할 것이다. 미시건 대학의 프레드 애덤스와 그레그 레플린은 헬륨의 누적량이 중량 대비 60퍼센트에 달할 것이라고 추정했다. 미래의 우리 자손들은 헬륨의 기원을 설명하기 위해 구태여 빅뱅이라는 기적과도 같은 가설을 꺼낼 필요는 없다고 생각할 것이다.

빅뱅의 세 번째 근거는, 빅뱅의 불덩이 '화석'이라 일컫는 마이크로파 우주배경복사의 존재이다. 하지만 1000억 년 후에는 배경복사의 전파 강도가 1조분의 1로 약해져 검출이 불가능해진다. 게다가 피크 파장도 마이크로파(3K 배경복사에서는 0.3센티미터)가 아니라 파장이 수백 미터 이상의 라디오파이다. 이 시대에는 태양이 지구를 삼키고 그 태양도 빛을 잃은 후겠지만 우리의 자손이 우주에서 지구형 행성을 찾아내 살아남았다고 해도 배경복사의 전파는 행성의 전리층에 반사되어 행성 표면에는 도달하지 않는다. 게다가 우주의 팽창으로 파장이 수백 킬로미터까지 늘어난다면 우리의 자손이 사는 초은하에도 도달할 수 없을 것이다. 초은하 내부에 남아 있는 전리 기체 때문에 파장이 긴 전파는 퍼지지 않기 때문이다.

하지만 우리의 자손들은 지금은 상상도 할 수 없을 만큼 뛰어난 과학 기술을 가지고 있을 것이다. 그 첨단 기술을 구사해, 초은하 밖으로 탐사선을 발사해서 우주 배경복사의 존재를 찾아낼 수도 있다. 어쨌든 1조년 후, 1경년 후……에는 관측이 점차 어려워지고 언젠가는 '빅뱅의 화석'도 소실되고 말 것이다.

2. 암흑 에너지가 사라진 우주

제2의 인플레이션도 우주 초기 제1의 인플레이션과 마찬가지로 언젠가 끝날 가능성이 있다(경우Ⅱ). 그 후, 우주의 미래는 다양한 가능성이 열리게 된다.

빅 크런치는 일어날까

미래의 어느 시점에 암흑 에너지가 완전히 사라진다면 어떻게 될까. 제1의 인플레이션은 진공의 상전이가 끝나면서(혹은 스칼라 장이 퍼텐셜의 정점에서 낙하하여) 종료된 것으로 보인다. 이때 약간 남아 있던 진공 에너지가 암흑 에너지로서 제2의 인플레이션을 일으키는 것인데 이번에는 어느 시점에 완전히 사라지는 것이다(그렇지 않은 경우에 대해서는 후에 설명한다).

암흑 에너지가 존재하지 않는 우주의 팽창을 기술하는 것은, 제1장에서 소개한 프리드만의 우주론이다. 즉, 우주의 곡률이 양이면 언젠가 수축으로 돌아선 우주가 빅 크런치를 맞는다. 곡률이 0이면, 우주는 계속해서 감속 팽창을 하면서도 결코 수축으로 돌아서지 않고 무한히 팽창한다. 우주의 곡률이 음이라면, 시간의 경과와 함께 점차 자유 팽창 즉, 시간에 비례해 커지는 단순 팽창을 한다.

그렇다면 암흑 에너지가 사라진 우주의 곡률은 음일까, 양일까 아니면 0인 것일까? 인플레이션이 일어나면 곡률의 부호가 어떻든 급격히 0에 가까워진다. 이것이 현재 우주의 곡률이 거의 0에 가깝다고 하는 이론적 증명이다. 제2의 인플레이션에서도 마찬가지로, 곡률은 더욱 0에 가까워진다. 따라서 암흑 에너지가 사라진 후의 우주의 곡률은 지극히 0에 가깝다. 하지만 인플레이션은 곡률의 부호까지 바꾸진 못한다. 그렇기 때문에 기나긴 시간 스케일 상의 우주의 운명은, 결국 우주 탄생 당시 정해진 곡률의 부호로 결정되는 것이다.

곡률이 0이나 음으로 영원한 시간이 약속되어 있는 경우를 Ⅱa, 곡률이 양으로 언젠가 수축으로 돌아서는 경우를 Ⅱb라고 하자.

암흑 에너지가 사라진 직후에는 우주의 곡률이 지극히 0에 가깝기 때문에 곡률 부호에 관계없이 완만한 감속 팽창을 하게 된다. 암흑 에너지가 사라진 시각이 1000억 년 이후라면 즉, 거의 모든 은하가 시야에서 사라진 후라면 팽창이 감속하면서 점차 많은 초은하가 시야에 들어올 것이기 때문에 우리 자손들은 자신들이 사는 초은하와 같은 섬 우주를 발견할 것이다. 그리고 또 다시 은하가 벌집 형태로 분포되어 있는 것을 발견할 것이다.

먼저, 영원한 시간이 약속된 경우(IIa)를 생각해보자. 다음 논의는 우주가 끊임없이 가속 팽창을 하는 '경우 I'에도 마찬가지이다.

초은하의 운명

국소 은하군의 합체는 가속 팽창이 계속되는 '경우 I'이나 '경우 II'에서도 똑같이 일어난다. 초은하는 중력적으로 결합한 별이나 가스로 이루어졌기 때문에 팽창의 영향을 받지 않는다.

초은하의 주성분은 별이며 그 운명은 별이 결정한다. 별의 수명은 생성되었을 당시의 질량으로 결정되며 무거운 별일수록 수명이 짧다(그림 4-2).

태양의 100배나 되는 커다란 별의 수명은 270만 년이다. 최후

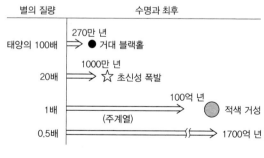

그림 4-2 **별의 질량과 운명**

에는 중심에 거대한 블랙홀이 형성되면서 바깥층까지 전부 빨려 들어가 대부분 블랙홀이 되어 버린다. 태양의 20배 정도 큰 별의 수명은 약 1000만 년이다. 이때는 중심부에 중성자별이 생기면서 강력한 초신성 폭발이 일어난다.

더 작은 별 예컨대, 태양의 경우에는 대략 100억 년간 '주계열성'으로 살아간다. 주계열성이란, 수소 가스가 핵융합 반응에 의해 '연소'하면서 중심부에 헬륨이 쌓이는 별을 말한다. 이른바 '보통 별'이다. 주계열성으로서 수명을 다하면 바깥층이 급격히 팽창하며 적색 거성이 된다. 더 작고 태양의 절반 정도의 질량을 가진 별은 1700억 년을 살 만큼 수명이 길다.

태양은 약 50억 년 후면 커다란 적색 거성이 되어 지구를 삼켜 버릴 것이다. 그 후, 중심부에 백색 왜성이 생성되면서 바깥의 가스층이 은하 공간으로 방출되지만 목성 등의 바깥 행성은 백색 왜성 주위를 공전할지 모른다. 매우 드문 일이지만, 행성계 안에 다른 별이 날아드는 경우 행성계가 파괴된다. 확률은 낮지만, 오랜 시간을 거치다 보면 이러한 현상도 충분히 일어날 수 있다.

한편, 초신성 폭발이나 중성자별로 수명을 다한 별이 내뿜은 가스에는 핵 연소로 만들어진 중원소가 포함되어 있다. 그 가스와 은하 내부에 존재하는 가스가 섞이면서 새로운 별이 탄생한다. 이처럼 별은 윤회를 되풀이하는데 그때마다 블랙홀이나 중성자별이 생기기 때문에 은하 내부의 가스량은 점차 감소한다. 또 초신성 폭발의 경우, 가스가 은하 밖으로 방출되는 일도 있기 때문에 은하 내부의 가스는 더욱 감소하게 된다.

100조(10^{14})년 정도 흐르면, 은하 내부의 가스가 거의 바닥나면

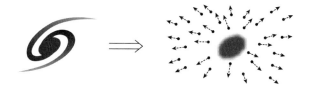

그림 4-3 초은하의 운명. 중심에 블랙홀이 남고 바깥의 별은 사방으로 흩어진다.

서 더 이상 새로운 별은 태어나지 않는다. 중성자별이나 백색 왜성은 핵 연소를 하지 않기 때문에 점차 식어갈 뿐이다. 블랙홀 역시 스스로 빛을 내지 않고, 가스가 블랙홀에 내려앉을 때 낙하하는 중력 에너지로 인해 빛을 내는데 그마저도 없으면 암흑만 남는다. 블랙홀이나 식어버린 백색 왜성(흑색 왜성이라고 부른다) 혹은 식어버린 중성자별만 가득한 은하는 암흑의 세계가 되는 것이다.

10^{18}년 정도 되면, 초은하 중심에 있는 블랙홀은 식어버린 별이나 초신성의 잔해로 생성된 블랙홀을 집어삼켜 크게 성장해 있을 것이다. 동시에 낙하하는 별의 중력 에너지를 용케 받아낸 별은 반대로 초은하에서 튕겨져 나간다. 중력적으로 결합한 별 무리의 행동을 연구하는 중력 열역학의 결과에 의하면, 초은하의 궁극적 운명은 중심부가 파괴되면서 거대한 블랙홀이 되고 바깥의 별은 멀리 흩어지는 것이다(그림 4-3).

죽은 별과 블랙홀의 증발

거대 블랙홀과 식어버린 별만 가득한 초은하에 더 많은 시간이 흘러 10^{34}년 정도가 되면 핵자의 붕괴가 시작될지 모른다(양자의 수명은 이론에 따라 크게 변하기 때문에 임의로 10^{34}년이라고 해두자). 핵자란, 원자핵을 만드는 양자와 중성자의 총칭이다. 중성자는 원자핵 밖으로 나오면 10여분 만에 양자로 전환된다. 양자는 안정적인 입자로 생각되지만 대통일 이론(제2장 2절)에서는 양자가 불안정하기 때문에 붕괴되면서 양전자와 중성 파이중간자가 되거나 양의 전하를 가진 파이중간자와 중성미자가 될 것이라고 예언했다(그림 4-4, 파이 중간자는 유카와 히데키가 예언한 우주에서 발견된 입자이다). 그렇게 생성된 파이중간자도 금방 붕괴되어 광자(감마선)나 양전자 혹은 중성미자가 되기 때문에 양자 붕괴가 일어나면 원자핵이 사라져버린다.

원자핵이 사라진다는 것은 원자가 사라진다는 말이다. 이것은 보통의 물질세계가 소멸하고 광자, 중성미자, 전자, 양전자만 남은 우주가 된다는 것을 의미한다(그 밖에 암흑 물질이 있지만 정체를 모르니 여기서는 일단 생략한다. 다른 입자와의 상호작용도 지극히 약하기 때문에 아래 논의의 요지는 변하지 않는다). 이것은 인간, 지구, 별, 은하에 이르기까지 우주의 다양한 구조가 모두 소멸한다는 엄청난 예언이다.

100조 년 후의 초은하에는 다수의 블랙홀과 중성자별 또는 흑색 왜성 등 스스로 빛을 낼 수 없는 천체가 존재할 것이다. 여기에 핵자 붕괴가 일어난다면, 그 효과로 인해 중성자별이나 흑색 왜성의 내부에도 열이 발생하게 된다(그림 4-4). 이것을 죽은 별이라고 한다. 처음 붕괴 효과가 나타날 때 별 자체는 안정적이지만, 핵자가 붕괴함으로써 높은 에너지를 가진 광자(감마선)나 양전자가 방출되면서 별을 데운다. 핵자의 수명 10^{34}년이 지나면, 거의 모든 핵자가 붕괴하고 별들도 사라진다. 중성미자와 광자는 초은하에서 떨어져 나가고, 초은하에는 블랙홀과 전자 그리고 양전자 가

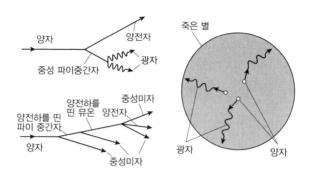

그림 4-4 양자 붕괴와 죽은 별. 대통일 이론에 의하면, 양자는 최종적으로 양전자와 중성미자로 붕괴한다.

스만 남을 것이다.

10^{100}년이 지나면, 거대한 블랙홀도 증발하기 시작한다. 호킹은 블랙홀 주변의 양자 효과를 연구해 오늘날 '호킹 복사'라고 불리는 복사를 방출한 블랙홀이 결국 증발해서 소멸될 것이라고 말했다 (그림 1-13). 그때까지 블랙홀은 물질을 빨아들여 일방적으로 커질 뿐이라고 생각했는데, 양자 효과로 유한한 온도를 갖게 된 블랙홀이 그 온도의 효과로 주변 공간에 중성미자, 광자 등의 다양한 소립자를 방출하고 결국에는 사라지는 것이다.

가벼운 블랙홀일수록 온도가 높기 때문에 더 빨리 증발하는데, 태양과 비슷한 크기의 블랙홀이 증발하려면 대략 10^{66}년 정도가 걸린다. 우리은하 전체가 블랙홀이 된다면 증발하는데 10^{100}년이 걸린다. 블랙홀이 증발하면서 새롭게 양자나 중성자가 탄생하지만 어차피 모두 붕괴할 것이다. 결국 미래의 우주는 블랙홀조차 존재하지 않는 양전자, 전자, 중성미자, 광자뿐인 세계가 된다. 이 가스 속에서 전자는 반물질인 양전자와 합체했다 소멸하며 두 개의 광자가 되지만 지극히 희박한 이 시대의 우주에서는 충돌 빈도가 낮기 때문에 전부가 소멸하지는 않는다.

이렇게 무한한 시간이 약속된 '경우 I '과 '경우 II a'의 우주는 노쇠하듯 조용히 죽음에 이르게 된다.

무한반복 인플레이션

이번 장에서는 제2의 인플레이션이 일어나 종료되는 경우를 이야기하며, 제2의 인플레이션의 종언과 함께 암흑 에너지가 완전히 0이 된다고 상정했다.

하지만 제1의 인플레이션이 그랬듯, 진공 에너지가 완전히 사라지지 않고 약간이라도 남아 있을 가능성이 있다. 그렇다면 남아 있는 진공 에너지가 우주의 팽창으로 주요 에너지가 되어 제3의 인플레이션이 시작될 것이다. 그 전에 우주가 수축해서 소멸하지 않는 한 제3의 인플레이션은 필연적으로 일어난다. 그러면 또 다시 제4, 제5의……인플레이션이 무한히 반복될 수도 있다.

그럴 경우, 진공 에너지가 점차 줄어들면서 가속 팽창의 정도는 점점 작아지지만 실질적으로는 가속 팽창이 계속되는 '경우 I '과 같다.

3. 빅 크런치와 우주의 종언

닫힌 우주의 운명

우주 탄생의 패러다임으로 빌렌킨의 '무로부터의 탄생'과 호킹의 무경계 가설을 소개했다(제2장 4절). 이러한 이론으로 탄생한 우주는 모두 양의 곡률과 유한한 크기를 가지고 있다. 공간은 제1의 인플레이션이나 제2의 인플레이션으로 크게 확장되어 현재 우주의 곡률은 한없이 0에 가까워졌지만 곡률의 부호는 양으로 생각하는 것이 자연스러울 것이다. 따라서 앞서 논의한 바와 같이, 제2의 인플레이션이 끝나면 팽창이 수축으로 돌아설 가능성이 있다(경우IIb).

우주가 언제 수축으로 돌아설 지는 인플레이션이 얼마나 계속되었는지에 달려 있다. 오래 계속되었을수록 우주의 곡률이 0에 가까워지기 때문에 수축으로 돌아서기까지 시간이 걸린다. 한편, 인플레이션의 지속 시간에는 한계가 없기 때문에 현 시점에서 수축으로 돌아설 시간을 예상할 수는 없다.

전자·양전자 가스 우주의 수축

곡률이 음이거나 0인 우주(경우IIa)의 운명에 대해서는 앞서 10^{100}년 후까지 내다보았지만, 우주의 곡률이 양인 경우 수축으로 돌아서는 것은 그 이후가 될 가능성도 크다. 그러면 우주는 양전자, 전자, 중성미자, 광자(그리고 암흑 물질)의 가스만 남게 되고 수축으로 돌아선 후에도 일어날 수 있는 일은 지극히 단순할 것이다. 이들 입자의 운동량은 우주가 수축할수록 우주의 크기에 반비례해서 커지기 때문에 입자는 점점 더 큰 에너지를 갖게 된다. 전자와 양전자는 밀도가 높아지면서 충돌 기회가 증가하고 두 개의 광자가 될 기회가 많아진다.

우주의 크기가 절반이 되면 이들 입자의 에너지는 두 배가 되고 우주의 크기가 3분의 1이 되면 에너지는 3배가 된다. 이는 곧 온도의 상승을 의미한다. 빅뱅을 거꾸로 되돌아가는 것이다. 마침내 우주의 온도가 수십 억 도가 되면 광자가 서로 충돌해 전자·양전자 쌍이 대량으로 생성된다. 이것은 빅 크런치 즉, 우주가 결국 한 점으로 돌아가게 되는 시각의 약 1초 전에 일어난다.

빅 크런치로부터 시간을 거꾸로 계산하면, 수축하는 우주의 온도 변화는 빅뱅 우주의 온도 변화와 거의 같다. 완전히 같지 않은 것은, 팽창 도중에 핵자 붕괴가 일어나면서 수축 우주에 양자나 중성자가 없기 때문이다. 하지만 온도가 1조 도까지 상승하면 쿼크와 반 쿼크의 쌍이 대량으로 생성되어 빅뱅 우주의 시간을 반전시킨 것과 지극히 가까운 상태가 된다.

다만, 단순히 빅뱅의 역순으로 생각해선 안 되는 점이 있다. 우주가 팽창하는 과정에서 별이 태어나고 핵융합 반응이 일어나 우주 공간에 빛이 방출되면서 우주의 엔트로피도 증가했다. 또 양자 붕괴로도 대량의 엔트로피가 발생한다. 열역학에서는 핵반응이나 핵자 붕괴와 같은 비평형 과정이 일어날 때 엔트로피가 증대한다고 말한다.

엔트로피가 높으면 우주의 온도는 높아진다. 팽창과 수축의 과정에서 크기가 같아진 시점에 두 우주를 비교하면, 수축기 우주의 온도가 더 높다. 또 온도가 같은 시점에 두 우주를 비교하면 수축기 우주가 더 크다는 결과가 나온다.

시간은 역전하는가

1989년경 호킹은 우주가 수축으로 돌아서면 우주의 시간이 역전할 것이라고 주장했다. 그는 양자론적 우주 탄생 연구에서 수축기에는 엔트로피가 감소할 수 있다는 것을 발견했다고 한다. 국제회의에서 열린 강연에서 그는 우주의 팽창기에 책상에 놓인 컵이 떨어져 산산조각 나고 커피가 다 쏟아졌다면 수축기에는 파편이 모여들면서 커피가 다시 컵에 담길 것이며 인간의 뇌에 축적된 기억도 점차 사라질 것이라고 말했다. 기막힌 표정의 청중들을 향해 그는 득의양양한 웃음을 보였다.

그로부터 2년 후, 그는 자신의 가설을 철회해야만 했다. 그의 실수는 물리적 자유도를 제한한 간단한 이론에, 우주를 기술하는 파동함수를 이용해 논의를 전개했던 것이다. 열역학에서는, 물리적 자유도가 상당히 큰 현실의 우주에서는 시간이 경과함에 따라 엔트로피가 단순 증대한다고 설명한다. 수축기에도 우주 안에서 비평형 과정이 일어난다면 엔트로피는 더욱 증대하는 것이다.

초은하 우주의 수축

우주가 전자·양전자 가스로 가득한 10^{100}년 후보다 더 빨리 수축으로 돌아설 가능성도 있다. 그런 경우, 수축 우주에서는 무슨 일이 일어날까?

'더 빨리'라고 하지만 현재 가속 팽창의 속도나 평탄성으로 볼 때, 수축으로 돌아서는 것은 수백억 년 후가 될 것이다. 그때쯤이면 우리가 사는 국소 은하군은 초은하가 되어 있을 것이다. 비슷한 크기의 은하가 우주 안에 있고, 어느 것이나 중심에는 거대 블랙홀이 자리 잡고 있으며 별의 질량 정도의 블랙홀이나 죽은 별들 즉, 중성자별이나 흑색 왜성만 있는 은하이다.

우주가 수축할수록 은하의 충돌이나 합체가 빈번하게 일어난다. 별이나 블랙홀이 충돌에 의해 산산이 흩어지고 결국에는 은하가 해체될 것이다.

우주 배경복사의 온도는, 우주가 팽창에서 수축으로 돌아설 때 가장 낮아지지만 수축이 시작된 후에는 우주의 크기가 작아지는 정도에 반비례해서 높아진다. 우주의 온도가 4000도 이상 높아지면 가스가 완전히 전리하면서 전자가 자유롭게 날아다니게 된다. 빛은 자유롭게 풀려난 전자와 충돌해 직진할 수 없다. 우주가 불투명하기 때문에 더는 먼 우주의 모습을 볼 수 없게 된다. 제1장 3절에서 이야기한 '재결합의 시기'를 거꾸로 돌아가는 과정이라는 것을 깨달았을 것이다.

빅 크런치

우주의 온도가 높아지면 중성자별이나 흑색 왜성의 표면이 증

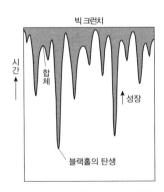

그림 4-5 블랙홀의 합체와 빅 크런치. 블랙홀이 잇따라 탄생하고 성장해 합체한다. 결국에는 모두 합체해 빅 크런치를 맞는다.

발하기 시작해 마침내 별 전체가 증발해 가스가 된다. 별이 녹아버려도 블랙홀은 살아남는다. 심지어 중성자별이나 흑색 왜성을 삼키거나 그들이 증발하면서 생긴 가스 등을 빨아들여 점점 더 몸집을 불린다. 이렇게 우주는 블랙홀과 그 주변에 가득한 광자와 중성미자만 남게 된다.

우주가 계속 수축해 빅 크런

치를 1초에서 1마이크로초 앞둔 시각, 이번에는 블랙홀이 합체를 시작한다. 거대 블랙홀에서 미소微小 블랙홀에 이르기까지, 빛까지 빨아들이면서 순식간에 합체를 거듭하다 마지막 순간에는 거대 블랙홀이 합체하는 식으로 시공간 전체가 붕괴한다(그림 4-5). 이것이 빅 크런치의 예상도이다.

일반상대성이론의 예언이 맞는다면, 결국 우주는 특이점으로 돌아가는 것이다.

우주는 무로 돌아가는가

현재 우주 탄생의 패러다임은 거듭 말했듯이, 무에서 탄생해 인플레이션을 거쳐 거대 구조가 된 이론이다. 빅 크런치를 향해 가는 우주가 빅뱅의 시간을 거꾸로 되돌아가는 것이라면 또 다시 인플레이션을 일으킨 우주가 '급격한 수축'을 해서 무로 돌아가는 것이라고 생각할지 모른다.

하지만 우리가 알고 있는 물리학을 사용하는 한, 그것은 불가능하다.

인플레이션이 종료되는 과정에서 대량의 열에너지가 발생해 우주는 불덩어리가 된다. 현재 우주의 엔트로피 대부분이 이때 만들어졌다. 열역학의 제2법칙에 따르면, 엔트로피가 감소하는 일은 일어나지 않는다. 엔트로피는 반드시 증가하는 방향으로만 진행한다. 따라서 반대 과정의 인플레이션은 일어나지 않는다.

분명 원조 인플레이션 이론에서는 온도의 상승으로 진공의 상전이가 일어나 진공 에너지가 높은 상태로 돌아가고, 현재의 인플라톤 이론(제2장 4절)에서도 마찬가지로 진공 에너지가 높은 상태로 돌아간다. 하지만 우주가 탄생할 때와 결정적으로 다른 것은 복사 (광자)에너지가 압도적으로 높아서 진공 에너지를 능가한다는 것이다. 우주의 크기가 0에 가까울수록 복사 에너지의 밀도는 무한대로 퍼질 수밖에 없다.

'무에서 탄생'할 때, 진공 에너지 밀도는 유한한 값을 가지고 있으며 이 값은 우주의 크기가 얼마나 커지든 같다. 탄생 직후 우주에는 진공 에너지가 존재하지만, 엔트로피는 0이다. 그렇기 때문에 '특이점이 없는 우주의 탄생(호킹의 무경계 가설)'이 가능했던 것이다. 빅 크런치에서는 특이점을 피할 수 없다. 우주 전체가 블랙홀이 되면서 종말을 맞는 것이다.

과거 수많은 과학자들이 이러한 우주의 종말을 피하기 위해 빅 크런치 직전에 우주가 또 한 번 수축에서 팽창으로 전환하는 이론을 연구하기도 했다. 더 나아가 팽창으로 돌아선 우주가 수축으로 전환했다 또 다시 팽창으로 돌아서는 이론까지 생각해냈다. 우주는 영원히 팽창과 수축을 되풀이한다는 진동 우주론이다. 우주의 엔트로피는 항상 증가하기 때문에 우주가 최대로 커지는 크기도 진동 주기마다 커진다. 하지만 이러한 진동 우주론은 특이점 정리에 의해 부정되었다(제1장 4절).

제2장 5절에서 소개한 브레인 우주와 관련해 최근 새로운 진동 우주론이 발표되기도 했다. 스타인하르트와 투록이 제창한 에크피로틱 우주론은 두 개의 브레인 우주가 끊임없이 충돌을 반복함으로써 진동 우주가 실현된다. 아직 이론적으로 밝혀지지 않은 부분이 많지만 매력적인 이론이 아닐 수 없다.

한편, 우주가 특이점으로 끝난다고 해도 거기에서 새로운 우주

144

가 태어난다는 가설도 있다. 가설이라기보다 억측이라고 하는 편이 적절할지도 모르지만, 과거 호킹은 특이점으로 돌아간 우주가 양자중력적 효과로 새로운 우주로 다시 태어날 가능성에 대해 이야기했다. 억측이라고 했지만, 사실 그럴 만한 근거가 충분하다. 우주가 양자적 크기까지 줄어들었을 때, 우리가 아는 물리학 법칙은 결코 완전하지 않을 것이며 현재의 고전적 상대성이론은 붕괴할 것이다. 우리는 아직 양자론과 중력 이론을 합친 양자중력 이론을 정립하지 못했다. 최근 주목 받고 있는 초끈 이론 등이 큰 성공을 거두면 언젠가 양자적 시공간에 대해 논하게 될 날이 올지도 모른다. 다만 현시점에서 우주의 종말은 빅 크런치라는 하나의 특이점으로 돌아가는 것이라고밖에 생각할 수 없다.

수축 우주로부터의 탈출

빅 크런치라는 우주의 장렬한 최후는 한없이 오랜 시간을 끌며 최후를 맞는 것에 비하면 명쾌하다. 어느 한 쪽을 택하라고 한다면, 나 역시 빅 크런치를 택할 것이다. 하지만 마지막 순간, 다시 살아날 가능성이 있다고 한다면 당연히 사는 길을 택하고 싶은 법이다. 빅 크런치로 치닫는 우주에서 탈출할 가능성은 없을까.

어떻게 하면 수축 우주에서 탈출할 수 있을까. 방법은 수축하는 우주 안에서 인플레이션 이론이 제시한 '자식 우주'를 만드는 것이다. 자식 우주는 인플레이션을 일으켜 팽창하기 때문에 그곳으로 탈출만 하면 살아남을 수 있지 않을까.

어떻게 하면 수축하는 우주 안에서 자식 우주를 만들 수 있을까. 인플레이션을 다시 한 번 곰곰이 생각해보면, 우주 안에서 진공 에너지가 높고 넓은 영역을 만들면 가능해진다. 그러려면 굉장히 큰 에너지를 한 곳에 집중시켜 넓은 범위에서 상전이를 일으키고 에너지가 낮은 지금의 진공 상태에서 에너지가 높은 진공 상태로 가져가야만 한다. 그리고 이 영역이 특정 수치보다 큰 영역이라면 인플레이션이 일어나 자식 우주로 성장할 것이다.

앨런 구스는 이러한 자식 우주 탄생 이론을 확장해 '실험실에서 우주를 만들자'는 논문을 완성했다. 원리적으로는, 미래의 지적 생명체가 위와 같은 조작이 가능하다면 우주로부터의 탈출도 가능하다.

물론, 그렇게 탄생한 자식 우주가 또 다시 수축으로 전환할 수도 있다. 그때는 또 다시 '손자 우주'를 만들어 탈출하는 방법을 생각해야 할지도 모른다.

진공 에너지를 인위적으로 높이는 것은 단순히 물질을 채워 넣기만 하면 되는 것이 아니다. 에너지가 생기면 열도 함께 생긴다. 열에너지보다 진공 에너지가 더 높아야 하므로 어떻게든 열을 식혀야 한다. 아무리 미래의 지적 생명체라도 고도의 과학 기술이 필요할 것이다.

현재의 우주에도 아직 진공 에너지가 남아 있다. 만약 현재의 우주에서 또 다시 진공의 상전이가 일어난다면 게다가 그 상전이가 '1차 상전이'라면 우주 초기와 같이 자연스럽게 자식 우주가 탄생할 가능성이 있다.

우리가 사는 영역이 상전이의 결과, 우연히 그 자식 우주의 내부에 있다면 넓은 스케일의 우주가 설령 수축으로 돌아선다고 해도 우리는 살아남을 가능성이 있다. 반대로, 우리가 사는 영역이

에너지가 낮은 진공 영역이 되어버린다면 우리의 바람은 이루어지지 않을 것이다. 그때는 자력으로 자식 우주를 만들어 탈출하는 수밖에 없다.

제5장
멀티버스와 생명

화성 탐사 로봇 오퍼튜니티가 보내온 사진(사진 제공 : NASA/JPL-Caltech). 빅토리아 분화구를 빠져나온 자신의 궤도가 찍혀 있다.

1. 무수히 태어나는 우주

인플레이션으로 탄생하는 무수한 우주

인플레이션 이론은, 우주가 탄생 직후에 가속적으로 팽창해 어떻게 현재와 같은 균일한 우주가 되었는지를 설명하고 우주의 지평선 문제를 해결한다(제2장 3절). 하지만 인과관계가 없는 지평선 너머의 광대한 영역에서까지 같은 속도로 급팽창을 일으키는 것은 아니다. 영역마다 인플레이션의 속도가 다르기 때문에, 실제 우주는 지극히 불균형한 구조라고 할 수 있다.

제2장에서는 인플레이션이 1차 상전이라는 불균형으로 진행하는 이론이며, 우주의 다중 발생이 일어난다고 이야기했다. 인플레이션을 일으키는 진공 에너지(인플라톤 에너지)가 높은 영역이 버섯 모양의 웜홀로 성장해, 부모 우주와 인과관계가 끊긴 자식 우주가 태어나는 것이다. 자식 우주는 본래 부모 우주의 일부였지만 둘 사이에 사건의 경계선이 형성되면서 인과관계가 끊어진다. 인과관계가 끊기기 때문에 자식 우주가 태어나는 것이다.

수많은 자식 우주가 태어나는 동시에 그 안에서도 불균형이 생기기 때문에 손자 우주도 태어난다. 인플레이션은 손자 우주 안에서 또 다시 증손자 우주가 태어나는 식으로 인과관계가 끊긴 수많은 우주가 태어난다는 것을 예언하는 것이다. 한편, 부모 우주와 자식 우주를 이어주는 웜홀 부분은 끊어질지 모른다.

호킹이 블랙홀의 사건의 지평선 근처에서 양자론을 전개해 블랙홀이 증발한다고 주장한 것처럼 웜홀의 사건의 지평선 역시 증발할지 모른다. 부모 우주와 자식 우주를 이어주는 '탯줄'이 끊어지는 것이다.

본래 인플레이션 이론은 힘의 통일 이론에서 제창한 이론이지만 통일 이론이나 인플레이션 이론 모두 미완의 상태로 다양한 유형의 이론이 제안되고 있다. 하지만 지평선 너머 광활한 영역에서 일어나는 인플레이션은 필연적으로 우주의 다중 발생을 예언한다. A.D.린데의 카오틱 인플레이션 이론은 인플레이션 중의 양자 요동에 의해 대규모 불균형이 발생하고 이 영역이 자식 우주가 된다는 모델이다(제2장 3절). 또 주변보다 진공 에너지가 낮은 영역은 음의 곡률을 가진 우주가 된다는 열린 인플레이션을 제창하기도 했다.

'무'에서 탄생하는 무수한 우주

인플레이션 이론은 스스로 인플레이션이 일어나는 시공간 즉, 부모 우주를 만들 수는 없다. 빌렌킨의 '무로부터의 우주 탄생론'은 양자중력적 효과로 시간이나 공간이 없는 '무'의 상태에서 새로운 우주를 만드는 이론이다(제2장 4절). 하틀과 호킹의 무경계 가설도 마찬가지로 우리의 우주가 양자중력적 효과로 탄생하는 이론으로, 두 이론 모두 필연적으로 우리의 우주와 비슷한 무수한 우주가 만들어진다고 예언한다.

인플레이션 이론 혹은 무로부터의 탄생 이론에서 예언하는 다른 우주의 존재는 원리적으로는 관측할 수 없다. 인과관계가 없기 때문에 다른 우주라 부르는 것이다. 관측으로 확인이 된다면, 인과관계가 있는 것이니 우리 우주의 일부분이 되는 것이다.

멀티버스

무수한 우주가 존재한다는 우주상은 오늘날 '멀티버스'라는 말로 표현된다. '멀티버스multiverse'는 '우주universe'의 하나를 뜻하는 'uni'를 다수를 의미하는 'multi'로 바꿔서 만든 조어이다. 이 멀티버스라는 말을 처음 사용한 사람이 누구였는지는 분명치 않지만, 내가 처음 들은 것은 캠브리지 대학의 마틴 리스를 통해서였다. 리스는 왕실 천문학자로서 귀족의 반열에 올라 있기 때문에 정식으로는 리스 '경'이라는 칭호로 불린다.

10년 전(1998년)까지만 해도 들어본 적 없던 멀티버스라는 말이 지금은 우주의 초기나 탄생을 연구하는 연구자들뿐 아니라 일반에서도 널리 쓰이게 되었다. 그 계기가 된 것은, 인플레이션이나 양자론적 우주의 탄생이지만 최근 새롭게 주목받는 이유는 초끈 이론과 여기서 파생한 브레인 우주론이 필연적으로 멀티버스의 우주상을 그리고 있기 때문이다.

초끈 이론의 무한 세계

제2장에서 소개한 브레인 우주 이론에 따르면, 우리가 사는 우주는 10차원 혹은 11차원 시공간에 떠 있는 막의 세계이다. 막 우주가 한 장만 있을 이유는 없다. 고차원 우주 이론에서는 일반적으로 복수의 막 우주가 존재하는데 대부분 서로 인과관계가 끊어진 것도 아니다('무'에서 탄생하는 무수한 우주와는 대조적이다). 3차원 우주 사이에 펼쳐진 잉여 차원의 공간에 중력자(그래비톤)가 있기 때문에 원리적으로는 중력파를 사용하면 이웃 우주와 인과관계를 가질 수 있다. 다만, 중력자를 제외한 나머지 모든 입자는 막 우주

에 갇혀 있기 때문에 다른 막 우주에 사는 지적 생명체가 서로 오가는 '우주 교류'나 물건을 교환하는 '우주 무역'은 불가능하다.

초끈 이론에서 파생된 브레인 우주론이 그리는 멀티버스의 모습은 상상을 초월하는 다양한 세계이다. 초끈 이론이 놀라운 점은, 현재의 우주를 지배하는 네 가지 힘을 통일하기 위해 탄생한 이론임에도 공간의 차원과 물리법칙이 다른 다양한 우주의 존재를 예언한다는 것이다. 우주 공간이 3차원이어야 할 필연성도 없고, 그 세계를 지배하는 힘도 우리 우주의 네 가지 기본 힘과는 전혀 다를 수 있다. 셀 수 없을 만큼 많은 불가사의한 물리법칙과 다양한 공간 차원을 가진 우주가 존재할 수도 있는 것이다.

이러한 막 우주 사이에 있는 잉여 차원의 공간은 평탄한 공간이 아니다. 제2장에서 소개한 랜들과 선드럼의 이론처럼 '뒤틀린(크게 구부러진)' 공간이다. 현재 초끈 이론의 연구자들이 초대칭성을 유지하면서도 통일 이론을 구축하기 위해 그려낸 잉여 차원의 공간(칼라비·야우 공간이라고 부른다)은 훨씬 복잡한 공간이다. 또 브레인 우주뿐 아니라 브레인 우주의 짝이 되면서 소멸하는 '반 브레인' 우주도 있다.

우리의 브레인 우주는 칼라비·야우 공간에 연결되어 있다고 한다(그림 5-1). 뾰족하게 튀어나온 뿔처럼 생긴 지점에 위치하는 브레인 우주일지도 모른다. 또 인플레이션이 일어나는 것은 다른 브레인 우주가 칼라비·야우 공간에 접근해 충돌을 일으키기 때문이라고 한다. 다른 브레인 우주와 반 브레인 우주의 합체·소멸에 의해 우리가 사는 우주에 에너지가 가득 차게 되는 것이라는 주장도 펼친다.

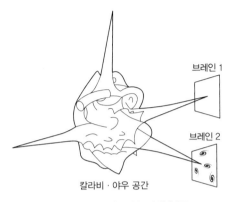

브레인 1

브레인 2

칼라비 · 야우 공간

그림 5-1 칼라비 · 야우 공간과 브레인(막) 우주.

불교의 삼천대천세계와 같이 다종다양한 우주가 존재하는 초끈
이론의 멀티버스를 조감하는 만다라는 아직 완성되지 않았다. 과
연 그 안에서 우리가 사는 우주가 어디에 위치할지는 전혀 모른다.

아인슈타인의 상대성이론에 근거한 과학적 우주론에서는, 우주
는 유일하며 그것이 빅뱅 우주로 탄생해 현재에 이르렀다고 생각
해왔다. 물리학 법칙을 근거로 우주의 모습과 진화 과정을 암묵적
으로 결정짓고 있었다. 그런데 초끈 이론의 우주관이 이런 생각을
뿌리째 뒤집은 것이다.

2. 왜 '현재의 우주'일까?

우주의 디자인?

현재 우주의 모습과 진화 또 그것을 지배하는 물리법칙을 모두

생각하면 이상한 점이 있는데, 우주의 물리법칙이 하필 인간이 탄생할 수 있도록 아주 정교하게 조정된 것처럼 느껴진다는 것이다. 우주와 우주를 지배하는 물리법칙이 인간이 태어날 수 있도록 디자인된 것이 아닐까 하는 생각마저 든다.

예컨대, 전자력의 세기를 결정하는 전기소량의 값이나 양자와 중성자를 결합해 원자핵을 만드는 강력의 세기를 결정하는 결합 상수가 조금이라도 어긋났다면 유기물질을 만드는 원소인 탄소가 합성될 수 없다. 당연히 유기물로부터 생물도 탄생할 수 없는 것이다.

또한 우리가 살고 있는 3차원 공간이 2차원의 세계였다면 너무나 단순해서 지금과 같은 다양한 우주 구조는 만들어지지 않는다. 흔히, 2차원 세계에서는 입에서 항문에 이르는 소화기관을 가진 생물이 존재할 수 없다고 말한다. 2차원 공간에서 이러한 소화기관은 몸을 완전히 이분할 것이기 때문이다.

한편, 4차원 공간이었다면 태양계와 같은 행성계는 불안정해서 존재할 수 없다. 마찬가지로, 물질을 만드는 원자도 불안정해지면서 원자나 다양한 분자도 존재할 수 없다. 4차원 공간에서는 중력이나 전하에 작용하는 전기력이 거리의 3승으로 반비례하게 되는데 이 경우, 행성은 일정 궤도를 돌지 못하고 혹 태양 주위를 돌게 해도 나선을 그리며 낙하하고 말 것이다. 원자핵 주위를 도는 전자 역시 원자핵으로 낙하한다.

'우주는 인간이 탄생하도록 디자인되었다'는 것은 과학자로서 도저히 인정하기 힘든 부분이지만, 우주가 정말 그렇게 만들어진 것만은 사실이다.

인간원리

이를 '설명'하는 개념이 인간원리anthropic principle이다. 인간원리에도 다양한 종류가 있지만, 최근에는 물리법칙이 다른 우주가 무수히 존재한다고 보고 설명한다.

무수히 많은 우주 안에서 인식의 주체가 되는 인간이 탄생하는 조건을 만족하는 우주가 있는가 하면 그렇지 않은 우주도 있다. 앞에서 말한 것처럼, 물리 상수가 매우 정교하게 조정되어 있지 않으면 인간이 탄생할 수 없기 때문에 이 조건을 만족하는 우주는 극히 드물다고 생각된다. 인식의 주체가 태어나지 않은 우주는 존재 자체가 인식되지 않을 것이다. 그리고 인간이 태어난 우주에서는 '우주는 인간이 탄생하도록 디자인되었다'고 느끼게 된다. 이것이 인간원리에 의한 '우주와 그것을 지배하는 물리법칙은 인간이 탄생하도록 만들어졌다'는 것에 대한 '설명'이다.

인간원리라는 말은 오해받기 쉽다. 때때로 '우주는 인간이 탄생하도록 창조되었다는 원리'로 설명되기도 하는데 그런 식의 목적론적인 주장이 아니다.

인간원리는 '지적 생명체 원리'라고 부르는 것이 적합할 것이다. 지적 생명체는 은하계 안에 무수히 많은 행성계 중에서도 태양계라는 하나의 행성계에서 탄생한 인간만이 아니다. 다른 행성계에도 인간과 비슷한 생명체가 있을 수 있고, 행성계가 아닌 예상조차 할 수 없는 천체에, 예상할 수 없는 종류의 지적 생명체가 있을지 모른다.

전약 통일 이론으로 노벨상을 수상한 S. 와인버그는, 이 인간원리를 적용해 어떻게 암흑 에너지가 현재의 수치가 되었는지를 설명했다. 제3장 3절의 '100 자릿수의 우연한 일치?'에 쓴 것처럼 이론물리학적으로는 암흑 에너지의 양이 1백 자릿수 많다고 해도 조금도 이상할 것이 없다. 오히려 그 편이 더 자연스럽다. 현재 우주의 가속 팽창은 약 60억 년 전에 시작되었다고 생각되는데, 만약 암흑 에너지 밀도가 더 컸다면 훨씬 더 이전의 우주 초기부터 가속이 시작되었을 것이다. 그랬다면 은하와 같은 우주 구조는 형성될 수 없고 별조차 태어나지 않았을 것이다. 별이 태어나 중원소를 합성하지 않으면 인체를 구성하는 탄소, 질소, 산소도 합성되지 않기 때문에 인간도 태어날 수 없다. 현재 인간이 존재하기 때문에 암흑 에너지가 현재의 수치보다 몇 자릿수나 커져서는 안 되는 것이다. 인간원리로 정확한 암흑 에너지의 양이 정해지는 것은 아니지만, 이론물리학에서 생각하는 수치에 비해 1백 자릿수 가까이 작은 수치여야만 하는 이유를 이렇게 '설명'할 수 있다.

사실 과학적 연구를 통해 얻은 물리량에 대해 간단히 인간원리를 적용하는 것은, 과학 연구를 방기하는 것이나 다름없다. 어디에나 인간원리를 남용해서는 안 된다.

하지만 초끈 이론이나 브레인 이론이 그리는 멀티버스의 우주상에는 우리의 우주가 어떻게 현재의 물리법칙 혹은 물리 상수를 갖게 되었는지를 설명할 방법이 없을 것이다. 우리의 우주는 무수한 우주 안에서 우연히 그러한 물리법칙과 차원이었기 때문에 인류가 탄생하고 인식될 수 있었던 것이다.

자연선택에 의한 우주의 진화

미국의 이론물리학자 리 스몰린은 '현재의 우주'가 선택된 것은 멀티버스 안에서의 우주 진화의 결과라고 제창했다. 멀티버스의 일원으로서 끊임없이 태어나고 소멸하는 우주도 생물과 마찬가지로 자연 선택에 의해 진화한다는 것이다. 그는 두 가지 가정을 했다.

(1) 하나의 우주 안에서 블랙홀이 형성되고 증발해 소멸하는 것은 다른 자식 우주가 태어나는 것이다.

(2) 새롭게 태어난 우주의 물리법칙은 부모 우주의 물리법칙과 거의 같지만 무작위로 선택된 아주 작은 부분이 부모 우주와 다르다.

(1)의 가정에 의하면, 수많은 블랙홀이 탄생하는 우주는 수많은 자손을 남긴다. (2)의 가정에 의하면, 우주의 물리법칙은 생물의 유전자에 대응한다. 우주가 새로 태어날 때 물리법칙이 완전히 복사되는 것이 아니라 오류를 일으키기 때문에 새롭게 태어난 우주를 지배하는 것은 일정 부분 다른 물리법칙이다. 물리법칙이 다르기 때문에 우주 진화의 과정에서 형성되는 블랙홀의 수가 달라진다. 예컨대, 중력이 약한 우주에서는 블랙홀의 수가 감소할 수 있다(아래에서 설명하듯 단순하진 않다). 자손을 많이 남길 수 있는 '유전자' 즉, 블랙홀이 대량으로 만들어질 수 있는 물리법칙을 가진 우주의 비율이 높아진다. 그러한 우주가 멀티버스 안에서 번영하고 점차 더 많은 비율을 차지하게 된다.

물론, 블랙홀의 형성은 복잡한 물리 과정이며 한 가지 물리법칙이 우세한 것도 아니다. 멀티버스 안에서 번영하는 물리법칙은 한 가지가 아니라 복수로 존재한다고 생각하는 것이 자연스럽다. 하지만 몇 세대나 선택을 거듭함으로써 이러한 우주는 다른 우주에 비해 수십, 수백 자릿수나 많아질 수 있다. 스몰린은 현재 우리의 우주가 그러한 자연 선택의 결과로 진화한 우주라고 생각한 것이다.

현재 우리의 물리법칙이 수많은 블랙홀을 만들고 증발시키는 법칙이라는 근거도 없고 (1)의 가정 즉, 블랙홀의 증발로 새로운 우주가 형성된다는 가정도 현재의 물리학 법칙을 통해 얻은 결과도 아니다. 하지만 꽤 흥미로운 발상인 것만은 틀림없다.

3. 우주의 생명

고독한 인류

우주에 인간과 같은 지적 생명체가 존재할까? 아니면 우주에 존재하는 지적 생명체는 인간뿐일까? 또 인간만큼 고도로 발달된 지적 생명체는 아니라도 박테리아 같은 원시 생명체라면 존재할까? 아니면 그런 생명체조차 지구 이외에는 존재하지 않는 것일까? 우리는 우주의 고독한 존재인 것일까? 이런 것들이야말로 인간이 우주를 바라보며 품게 되는 궁극적 의문이 아닐까.

생명체가 존재할 가능성이 있는 가장 가까운 천체는 화성이다. 1975년 미 항공우주국은 화성탐사선 바이킹 1, 2호를 발사해 화성의 생명체를 찾는 탐사를 진행했다. 아쉽게도 생명의 흔적은 발견되지 않았지만 미 항공우주국은 그 후에도 화성탐사를 계속했다. 수많은 탐사 활동 중, 화성탐사로버(2003년 발사)는 두 대의 무인 탐사기 스피릿과 오퍼튜니티(본 장 첫머리 사진)를 통해 2004년 마침내 과거 화성에 물이 존재했다는 증거를 찾아냈다. 그리고 2008

년에는 탐사기 페닉스(2007년 발사)가 물과 얼음의 존재를 확인했다.

많은 연구자들은 적어도 과거의 화성에는 원시 생명체가 발생할 가능성이 있었다고 생각한다. 만약 생명체가 탄생하고 극심한 환경변화만 없다면 그 생명체는 환경에 적응해 진화하여 지금도 생존해 있을 것이라고 생각하는 사람도 있다. 어쩌면 그런 생명체가 화성의 땅속 깊은 곳에 살아 있을지도 모른다.

지구의 생물체는 바다나 지표면에 번성하며 지하 생물권은 지극히 적다고 생각할 수도 있지만 사실 지하 생물권의 생물량은 지구의 모든 생물체의 절반가량을 차지하며 해저와 지하 깊은 곳까지 합하면 90% 이상에 달한다는 추정도 있다. 지구 깊은 곳의 박테리아는 혐기성 생물로서 메탄이나 황화수소 등을 이용해 대사하며 빛이 없어도 생존이 가능하다. 화성의 지하에도 유사 생물이 살고 있을지 모른다.

1996년 미 항공우주국은 화성에서 날아온 것으로 보이는 운석 ALH84001 안에서 박테리아의 흔적으로 추정되는 것을 발견했다고 발표했다. 하지만 많은 전문가들이 생명체가 아닐 가능성을 지적하고 있다. 하지만 화성에 생명체가 존재할 가능성은 충분하다. 화성에서 생명체가 발견된다고 한다면, 땅속 박테리아(혹은 그 흔적)일 가능성이 가장 높지 않을까.

'제2의 지구'를 찾아서

1995년 페가수스자리 51번 별이 행성을 가지고 있는 것이 발견되었다. 행성을 가지고 있는 별은 행성의 공전으로 인해 주기마다 요동이 생긴다. 별이 흔들리면 도플러 효과로 그 별에서 나온

빛의 파장이 길어지거나 짧아진다. 이러한 효과를 발견함으로써 이 별이 행성계를 가지고 있다는 것을 알게 된 것이다. 현재의 우주에 태양계가 아닌 다른 행성계가 존재한다는 것을 처음으로 증명한 대발견이다.

이 발견 이후, 태양계 이외의 행성계(외계 행성계)의 발견이 이어지면서 지금은 2백여 개가 넘는 행성계가 있다는 것을 알게 되었다. 하지만 발견된 외계 행성계는 목성 정도의 질량을 가진 행성이 수성 궤도보다 훨씬 중심별에 가까운 궤도를 돌고 있다. 태양계와는 전혀 다른 모습인 것이다. 이들 행성을 '핫 주피터'라고 부른다. 행성이 마침 중심별의 정면을 통과할 때 밝기가 어두워지는 정도를 통해 행성의 크기를 알 수 있고, 그 질량으로 밀도를 측정할 수 있다. 행성의 대기를 통과한 별빛의 스펙트럼으로 행성 대기의 화학성분도 알 수 있다.

외계 행성계가 태양계의 행성과 크게 다른 점은 그것만이 아니다. 발견된 대다수 외계 행성계는 원 궤도를 그리며 중심별 주위를 도는 것이 아니라 핼리 혜성처럼 가늘고 긴 타원 궤도를 돌고 있다.

이러한 행성에서는 사계절의 변화가 극심하다. 물병자리 항성 HD222582를 도는 행성의 경우, 중심별에 가까워지는 여름의 표면 온도는 섭씨 180도에 이르며 반대로 멀어지는 겨울에는 마이너스 90도로 추정한다. 과연 그 정도 극심한 온도 변화가 있는 행성에서 생명체가 발생할 가능성이 있을까?

2007년 지구 질량의 수배나 되는 행성이 발견되었지만 지구와 비슷한 행성이 발견된 사례는 거의 없다. 이는 지구형 행성이 존재하지 않는다는 의미가 아니라 그것을 발견하는 일이 몹시 어렵기 때문일 것이다. 지구 정도의 작은 질량으로는 중심별의 요동을 관측하기도 어려울뿐더러 밝기 변화도 없다. 또 1년이나 되는 긴 주기를 정확히 해석하려면, 10년 내지 20년 정도의 시간이 걸린다.

외계 행성 탐사에 대한 천문학자의 관심은 새로운 발견을 늘리는 것에서 생명체가 존재할 만한 지구형 행성을 찾는 것으로 옮겨가고 있다. 2006년에 발사한 프랑스의 외계 행성계 탐사위성 코롯COROT이나 2009년 발사 예정인 미국의 케플러 위성의 관측 목적 역시 지구형 행성을 찾는 것이다.

1960년 프랭크 드레이크는 미국의 그린뱅크 국립 천문대의 직경 26미터의 전파망원경을 이용해 사상 최초로 외계 지적 생명체 탐사 SETISearch for Extra-terrestrial Intelligence를 시작했다. 지구에서 10광년 거리에 있는 에리다누스자리 입실론별과 고래자리 타우별에 망원경을 고정해 지적 생명체가 발신하는 전파를 찾는 '오즈마 계획'이다. 아쉽게도 외계 전파는 찾지 못했지만, SETI의 탐사는 세계적인 관심을 불러 모았다.

오즈마 계획은 불과 10광년 거리의 태양과 비슷한 두 항성을 조사한 것일 뿐, 계통적 연구는 아니었다.

현재는 국가 재정 낭비라는 강한 반대론 속에서도 많은 이들의 관심에 기대어 꾸준히 연구를 계속하고 있다.

캘리포니아(버클리) 대학에서는 전파망원경으로 관측한 엄청난 양의 자료를 분석해 외계에서 오는 신호를 찾아내는 작업의 일부를 전 세계에서 지원한 일반인들의 컴퓨터를 활용하는 세렌딥 프로젝트를 전개하고 있다. 화면보호기 상태에서 해석 프로그램을 처리하는 작업으로, 전 세계적으로 컴퓨터를 사용하지 않는 시간을 활용하는 것이다.

다이슨의 우주 생명체

우주에서 생명체를 찾기 위해 먼저, 지구와 비슷한 환경의 행성을 찾는 것에서 알 수 있듯이 대부분 그것은 '지구형 생명체' 탐사이다. 현재 우리가 알고 있는 생명체는 지구형 생명체가 유일하기 때문이다. 생명의 정의에 따라 다르겠지만, 4개의 핵산염기 배열로 복사된 유전자와 20종의 아미노산으로 구성된 지구형 생명체와는 다른 생명체가 존재할 수도 있다. 제1장에서도 소개한 천문학자이자 캠브리지대학 천문학연구소의 소장을 지낸 프레드 호일이 쓴 공상과학 소설『검은 구름』에서는 검은 구름 자체가 지적 생명체로, 그 안의 전자 현상이 지구형 생명체의 화학 반응과 같은 생명 활동을 관장한다.

물리학자로서 우주의 생명을 논한 사람으로는 프리먼 다이슨이 있다. 다이슨은 소립자의 '재규격화 이론'을 매우 정교한 방법으로 전개한 것으로 유명한 연구자이다. 그는 1943년 제2차 세계대전 중 도모나가 신이치로朝永振一郎가 제창한 초다시간超多時間 이론 연구를 높이 평가해 미국에 소개하고 수학적 토대를 완성했다. 하지만 1965년 재규격화 이론으로 노벨물리학상을 수상한 것은 리처드 파인만, 줄리안 슈윙거, 도모나가 신이치로 세 사람이었다. 다이슨도 상을 받을 만한 업적을 남겼지만 하나의 연구 과제에 대한 수상자를 세 명까지로 제한한 노벨상의 방침 때문에 가장 늦게 연구 결과를 내놓은 다이슨은 노벨상을 받지 못했다.

다이슨은 1970년대에 중성자별에 생명체가 있을 가능성을 제시했다. 중성자별은 반경이 10킬로미터 정도로 작은 별이지만, 질량은 태양과 비슷하거나 조금 더 크다. 따라서 밀도가 굉장히 높고 거의 모든 부분이 원자핵의 밀도보다 높다. 당연히 중성자별의 생명 활동을 관장하는 것은 지구 생명체와 같은 화학 반응도 아니고 검은 구름 생명체와 같은 전자 현상도 아닌 원자핵 반응이다. 원자핵 생명체의 정보 처리가 이루어지는 단위 시간(클록 시간)은 원자핵 반응의 시간 스케일 이른바, 10^{-24}초 정도이다. 이 생명체가 예컨대, 중성자별이 1회 자전하는 1초 정도의 수명으로 생을 마친대도 평생 처리한 정보량은 인간과는 차원이 다를 정도로 많다. 인간보다 다양하고 풍성한 '인생'을 산다고 볼 수 있다.

다이슨이 생각한 궁극의 생명체는 '전자·양전자 가스 생명체'다. 제4장에서 소개했듯이 현재의 가속 팽창이 계속된다면 우주는 이대로 영원히 팽창할 것이다. 은하계를 비롯한 우주에 존재하는 모든 은하에서 별들이 소멸하고 블랙홀이나 흑색 왜성 등이 증가해 10^{14}년 후 우주는 빛을 잃고 암흑이 될 것이다. 은하의 중심에 있을 것으로 생각되는 거대 블랙홀도 주변의 수명을 다한 별과 블랙홀을 집어삼키며 점점 더 거대해진다. 10^{18}년 후에는 은하끼리 서로 충돌해 별들은 은하 공간으로 흩어진다. 10^{34}년이 지나면 양자와 중성자가 붕괴해 원자 곧 보통 물질이 사라지고 우주에는 전자, 양전자, 중성미자, 광자만 남는다. 우주는 점점 차고 희박한 상태로 조용히 잠들 듯 최후를 맞는다.

다이슨은 원자가 사라진 우주에서도 생명은 존재할 수 있다고 생각했다. 그 생명체란 전자와 양전자가 느슨하게 결합한 것이다.

이 생명체의 클록 시간은 굉장히 길다. 중성자별 생명체의 클록 시간이 지극히 짧은 것과 반대이다. 그것은 예컨대, 현재의 우주 나이에 가까운 100억 년이라는 시간이다. 그래도 수명이 10^{34}년쯤 되면 평생 처리할 수 있는 정보량이 많기 때문에 우리에 비해 훨씬 풍성한 인생을 보냈다고 할 수 있을 것이다.

우주로 뻗어나가는 인류

1992년 8월 도쿄에서 다이슨은 '인류의 일곱 번째 세기'라는 주제로 강연을 했다. 그는 이 강연에서 인류의 발전 단계를 돌아보며 인류의 미래에 대해 이야기했다. 인류 발전의 최종 단계인 일곱 번째는 '우주 생명체 발견'이다. 인류는 100년 정도의 규모로 태양계 안에 많은 이주 구역을 갖게 되고 스스로 유전자 조작 등을 통해 자기 설계를 함으로써 진화할 것이다. 또 핵산과 단백질의 형태를 바꾸는 등 다양한 존재 양식으로 바꿔나가며 발전할 것이다. 1000년 정도면 태양계를 가득 채울 정도로 번성하고 10만 년이면 우리은하 전체로 뻗어나갈 것이라고 이야기했다.

우주에는 우리가 볼 수 있는 범위 안에만 1000억 개 이상의 은하가 존재한다. 생명의 존재는 찾지 못했지만 미래의 우리 자손들은 230만 광년 거리의 안드로메다은하에 도달하고 머지않아 수천, 수억 년 거리의 은하 우주로 뻗어나갈 것이다. 언젠가 인류에서 시작된 지적 생명체는 우주론적인 생명체가 되어 우주 전체를 더욱 풍성하고 다양한 세계로 발전시켜나갈 것이라고 말했다.

다이슨은 생명은 충분한 시간과 충분한 물질과 에너지만 있으면 어떠한 환경에서도 적응할 수 있다는 '적응성의 공리'를 제창했다. 실제 지구상의 생명체는 환경에 맞게 다양하게 형태를 바꾸는 식으로 모든 생태적 틈새를 메우며 지구 구석구석으로 뻗어나갔다. 우주에 적응한 생명체의 형태에 대해서는 그 어떤 예측도 불가능하다.

페르미의 역설

다이슨이 예상하는 생명체의 미래는, 내게는 지나치게 낙관적으로 들렸다. 인류 이외의 지적 생명체까지 우주 생명체로서 발전한다면 우주는 지적 생명체로 넘쳐날 것이기 때문이다. 여기서 '그들은 대체 어디에 있지?'라는 유명한 역설이 발생한다.

우주 안에서 지적 생명체가 번영을 누리고 있다면 인류보다 고도의 문명을 가진 생명체도 다수 존재할 것이고 지구에도 그 모습을 보였을 법한데 실제로 그런 일은 없었다. 이런 역설은 이를 처음 지적한 물리학자 엔리코 페르미의 이름을 따 '페르미의 역설'이라고 부른다.

페르미는 이탈리아의 원자핵 물리학자로, 세계 최초로 원자로를 만들고 원자폭탄을 제조하는 맨해튼 계획에도 참가했다. 1938년 '중성자 충돌에 의한 새로운 방사성원소 연구와 열중성자에 의한 원자핵 반응의 발견'이라는 업적으로 노벨 물리학상을 수상했다.

페르미의 역설에 대한 답으로는, 다양한 수준의 의견이 있다. 실은 벌써 '그들'은 지구를 방문했지만 인류와 같은 원시적 지적 생명체의 눈에는 보이지 않기 때문이라는 생각, 단순히 우주여행이 매우 위험하고 어렵기 때문에 오지 않은 것뿐이라는 의견도 있다. 가장 일반적인 것은 생명체가 지극히 작은, 거의 불가능한 확

률로만 발생하기 때문에 지구 이외에는 존재하지 않는다는 의견
이 아닐까.

하지만 스스로 인류의 일원으로서 특별히 선택되었다는 생각은
해본 적도 없는 나 같은 물리학자에게는 다른 대답이 필요하다.
내가 가장 그럴 듯하다고 느꼈던 것은 '지적 생명체의 사회는, 고
도의 문명을 손에 넣었을 때 자멸한다'는 의견이다. 지적 생명체
가 전파에 신호를 실어 보낼 정도의 발달된 문명의 단계가 되면
100년 후쯤 자멸한다는 가정이다.

아주 단순하게 계산해보자. 우리은하 안에는 대략 1000억 개의
별이 있다. 대충 1000억 개의 행성계가 있다고 보는 것이다. 행성
계에 지적 생명체가 존재할 확률을 1000분의 1이라고 가정한다.
그러면 은하계에는 1억 개의 별에 지적 생명체가 존재하는 것이
다. 여기에 시간적인 확률을 곱한다. 은하계가 탄생한 지 약 100
억 년이 되었기 때문에 지적 생명체의 고도 문명이 존재할 수 있
는 시간(100년이라고 가정한다)의 비율은 고작해야 1억 분의 1이 된다.
은하계에 지적 생명체가 존재하는 별의 수(1억 개)에 존재할 수 있
는 시간의 확률(1억 분의 1)을 곱한 값은 1이다. 이것은 현재 은하계
안에 지적 생명체가 존재하는 것은 지구뿐이라는 것을 의미한다.

물론 이 추정에는 자릿수조차 불명확한 가정이 포함되어 있다.
하지만 이러한 결론에 고개가 끄덕여지는 것이 비단 나뿐만은 아
닐 것이다.

새로운 시대를 향해

오늘날 인류 사회는 지금까지의 역사에 없었던 새로운 시대로

돌입하고 있다. 과학 기술의 급격한 진보로 인간 사회는 크게 변화하고 있다. 인간 사회의 미래에 대해 논할 때 반드시 언급되는 것이 과학 기술의 위험성이다.

원자핵 물리학과 그 응용 기술은 인간 사회에 필요 불가결한 원자력 에너지를 만들었지만 동시에 인간 사회를 파괴할 수도 있는 원자폭탄과 수소폭탄도 만들었다. 지금도 새롭게 핵무기를 보유한 나라가 늘고 있으며, 이미 핵무기를 보유한 나라는 그것을 폐기하기는커녕 더욱 성능이 높은 핵무기를 개발하는 데 힘을 쏟고 있다. 이제 핵 기술은 첨단 기술이 아니다. 작은 나라나 집단에서도 핵폭탄을 보유하는 것이 어렵지 않게 되었다.

유전자 조작과 같이, 폭발적으로 진보하는 생명과학 기술도 인간을 질병으로부터 구하는 귀중한 의료 기술인 동시에 새로운 병원체를 만들어내거나 인간 본연의 생물적 특성을 바꿔버릴 위험이 있다. 21세기는 대학의 연구실 하나가 인류 사회를 붕괴시킬 기술력을 갖게 되는 시대가 되는 것은 아닐까.

지구 온난화를 비롯한 전 지구적인 환경 문제가 임박했지만, 이 소중한 지구에 살아가는 인류로서의 연대는 아직 충분치 않다. 자신이 속한 민족과 국가를 사랑하고 때로는 목숨까지 걸면서도 그 사회 조직의 이익에 반하는 사람들을 공격하는 것도 마다않는 것이 인간 사회의 현실이다.

이것은 인간의 진화 과정에서 피할 수 없는 숙명인 것일까. 자신의 생존을 위해 필요한 음식마저 타인에게 건네는 선한 마음을 지닌 사람이나 반대로 과도하게 반사회적인 인간은 사회에서 배제되어 자손을 남기기 어렵다. 우리처럼 선과 악 사이에서 항상 고민하며 살아가는 평범한 인간이야말로 자손을 남길 수 있었던 것이다. 우리의 선조인 호모 사피엔스가 아프리카에서 세계로 퍼지기 시작한 것은 지금으로부터 불과 10만 년 정도밖에 되지 않는다. 그 후, 인간 사회는 극적으로 변화했지만 정신적 진화를 이룩하기에는 너무나 급격한 변화였다. 그러한 인류가, 심지어 개인이 인류 사회를 붕괴시킬 수 있는 기술을 손에 넣고 있다.

본 장의 첫 부분에서 소개한 캠브리지대학의 리스 경은 2003년 『우리의 마지막 세기Our Final Century』라는 책을 저술했다. 우주물리학 연구자의 관점에서 인류 사회의 위기 상황을 다룬 내용으로, 나 역시 똑같은 우려를 품고 있다. 페르미 역설에 대한 비관적인 해석인 '지적 생명체의 사회는 고도의 문명을 손에 넣었을 때 자멸한다'는 것이 현실이 될 가능성이 높아지고 있는 것은 아닐까.

21세기는 인류가 자멸로 향하는 길을 걷게 될지 그렇지 않을지의 기로이다. 인류의 미래를 결정하는 것은 자기 자신이라는 것을 깊이 인식하고 개인, 지역 등의 작은 사회와 국가 그리고 국가 연합과 같은 국제 조직까지 다양한 시도를 통해 위기를 극복하며 다이슨이 그리는 우주 생명체로서 발전하는 길을 걸어 나가야 할 것이다.

후기

처음 만나는 사람에게 '우주론 연구를 한다'고 하면 대개의 경우 '좋겠네요. 좋아하는 일을 직업으로 할 수 있다니, 부러워요'라는 식의 반응이 돌아온다. 현실은 다른 많은 과학 분야와 마찬가지로 세계적으로 과당 경쟁이 벌어지는 분야로, 취미 삼아 일하는 우아한 생활과는 전혀 거리가 멀다. 이런 반론을 할 틈도 없이 곧장 다른 질문이 돌아온다. '그런데 우주가 정말 무한히 커지나요? 빅뱅으로 시작되었다는 건 아는데 그럼 빅뱅 이전에는 어떤 상태였죠? 지금도 팽창하고 있다는 것 같던데 언제까지 팽창하는 것이죠?' 조금 더 관심이 있는 사람이라면 '암흑 물질이나 암흑 에너지의 정체는 언제쯤이나 밝혀질까요?'라는 질문이 이어질지도 모른다. '이과계 기피현상'이나 '과학에 갖는 국민적 관심의 감소'에 대한 이야기를 자주 듣지만 다행스럽게도 많은 사람들이 우주와 우주론에 대해 관심을 갖고 있다.

인류는 오랜 역사 속에서 자신이 사는 세계를 관찰하고 어떠한 분포와 역사를 거쳐 지금에 이르렀는지를 탐구해왔다. 20세기에는 현대 물리학의 양대 산맥으로 불리는 상대성이론과 양자역학이 등장했다. 이 시대는 과학과 기술로 특징지을 수 있는, 역사적으로도 특별한 세기였다. 그 안에서 우주가 137억 년 전에 탄생했다는 것을 밝혀내고, 우주 안에서 인간 스스로의 위치를 인식하게 된 시대였다.

이 책의 교정 작업이 한창이던 2008년 10월 초 무척이나 기쁜 뉴스가 들려왔다. 2008년 노벨물리학상 수상자로 난부 요이치로, 고바야시 마코토, 마스카와 도시히데 씨가 선정된 것이다.

난부 선생이 노벨상을 수상하게 된 연구는 '대칭성의 자발적 깨짐 구조의 발견'이다. 이것은 진공의 상전이로 인해 소립자가 질량을 갖게 된다는 이론이다. 제2장에서 해설했듯이 이 이론은 자연계의 기본적인 힘을 하나의 법칙으로 완성하는 이론에 응용되고 특히 우주론과의 관계에서는 진공의 상전이에 의해 탄생 직후 우주가 급격히 팽창(인플레이션)해 빅뱅을 일으킨다는 오늘날 우주론의 패러다임을 탄생시킨 계기가 되었다.

고바야시·마스카와 이론 즉, '여섯 개의 쿼크에 의한 CP대칭성 깨짐'은 우주에 반물질이 없는 이유를 설명하는 중요한 열쇠이다. 이 이론이 탄생할 무렵 나도 교토대학에 있었기 때문에 함께 그 순간을 목도할 수 있었다. 제2장에서도 이야기했지만, 마스카와 선생은 당시 내게 와인버그·살람 이론을 소개해준 은인이기도 하다. 고바야시 선생과는 우주론이 타우 중성미자라는 중성미자의 질량과 수명에 특정한 제한을 부여하는 논문을 공동으로 발표했던 인연이 있다.

이 책에서는 표준적인 우주론 해설에 덧붙여 종래의 책에서는 다루지 않았던 우주의 미래에 대한 해설을 대폭 추가했다. 우주의 미래는 100억 년 후, 1000억 년 후 혹은 10^{100}년 후라는 상상을 초월하는 시간으로 어떤 예상도 검증할 수 없다. 미래에 대한 예상은 멀리 내다볼수록 과학적 기초가 약해진다. 애초에 검증되지 않는 것은 과학이 아니라고도 할 수 있다. 그럼에도 우주의 미래를 알고 싶은 것이다. 다이슨이나 그 밖의 과학자들이 최대한 현재의 과학을 바탕으로 그려낸 우주의 미래상을 흥미롭게 읽었기를 바란다.

이 책은 십수 년 전 이와나미서점의 미야베 노부아키宮部信明 씨의 뜨거운 권유에 힘입어 집필을 결심했다. 동 서점의 구와바라 마사오桑原正雄 씨의 배려로, 구술 집필로 초고를 완성했다. 그러다 바쁜 일이 겹쳐 한동안 작업을 진행하지 못한 채 몇 해가 흘러버렸다. 최근 우주론의 놀라운 진보로 암흑 에너지의 발견, WMAP에 의한 우주 나이 결정 등 새로운 발견이 잇따르면서 원고를 대폭 수정하지 않을 수 없었다. 편집을 맡아주신 지바 가스히코千葉克彦 씨가 이 작업을 꾸준히 지원해주었다. 이처럼 이 책은 이와나미서점 여러분의 지원 없이는 완성될 수 없었다. 다시 한 번 마음 깊이 감사를 드린다.

역자 후기

앗, 떨어졌다!

난생 처음 별똥별이 떨어지는 것을 보았다. 일본의 한 외딴 섬, 주위는 칠흑같이 어둡고 밤하늘에는 쏟아질 듯 별들이 가득했다. 그날 밤에는 목이 뻐근해지도록 밤하늘을 올려다보았던 것 같다. 도시에서는 좀처럼 별을 보기 힘들다. 아니, 어쩌면 밤하늘을 올려다볼 여유가 없었던 것 같다. 차 조심, 사람 조심, 하다못해 보도블록에라도 걸려 넘어지지 않으려면 주의하고 살펴야 할 것들이 너무나 많기 때문이다. 그래도 그날 이후로 가끔씩 밤하늘을 올려다보곤 한다. 물론, 도시의 화려한 조명과 자동차 불빛들 덕분에 눈에 보이는 별은 손으로 꼽을 정도였지만 말이다.

이 책을 옮기는 수개월 동안, 별이 빛나는 밤하늘 너머의 드넓은 우주의 탄생과 역사를 해명하는 우주론이라는 분야에 푹 빠져 지냈다. 우주의 기원과 탄생 과정 그리고 구조에 이르기까지 우주의 비밀을 풀어내기 위한 위대한 과학자들의 연구와 이론이 관측을 통해 증명되기까지의 역사를 찬찬히 짚어나갔다. 가끔은 골이 지끈거릴 정도로 어려운 부분도 있고 이해가 잘 되지 않는 부분은 온종일 자료를 찾아 읽기도 했다. 별똥별이 떨어지기를 기다리며 올려다보던 밤하늘이 우주공간으로 크게 확장되었다. 한 점에서 탄생한 우주가 인플레이션을 거쳐 지금과 같은 거대구조를 이루고 그 광활한 우주의 한 점에 불과한 지구에서 우주론의 탄생에서부터 미래를 아우르는 저자의 명쾌한 해설을 따라가면서 고개를 갸웃하기도 하고 마치 내가 예언한 이론이 들어맞은 것처럼 크게 고개를 끄덕일 때도 있었다. 우주론은 알면 알수록 흥미로운 분야였다. 여전히 활발한 연구가 진행 중인 분야로, 이 책이 저술된 이후에도 현대 우주론을 뒷받침해줄 수많은 관측 데이터와 최신 정보들이 속속 발표되고 있다. 이 책을 통해 더 많은 사람들이 우주론에 관심을 갖고 우주의 미래에 대해서도 생각해볼 수 있는 계기가 되었으면 한다. 무심히 올려다보던 밤하늘이 새롭게 보일 것이다.

2016년 9월 20일

옮긴이 김효진

참고문헌

현대 천문학 시리즈 제1권 『인류가 살고 있는 우주人類の住む宇宙』 오카무라 사다노리岡村定矩 · 이케우치 사토루池内了 · 가이후 노리오海部宣男 · 사토 가쓰히코佐藤勝彦 · 나가하라 히로코永原裕子 엮음, 일본평론사日本評論社, 2007 (2012년 7월 국내 발매. 『인류가 살고 있는 우주』 지성사―역자 주)

현대 천문학 시리즈 제2권 『우주론 I ――우주의 탄생宇宙論 I ――宇宙のはじまり』 사토 가쓰히코佐藤勝彦 · 후타마세 도시후미二間瀬敏史 엮음, 일본평론사日本評論社, 2008

현대 천문학 시리즈 제3권 『우주론 II ――우주의 진화宇宙論 II ――宇宙の進化』 후타마세 도시후미二間瀬敏史 · 이케우치 사토루池内了 · 지바 마사시千葉柾司 엮음, 일본평론사日本評論社, 2007

「우주의 역사가 사라진 날」 로렌스 크라우스, 로버트 쉴러, 닛케이日経사이언스, 2008년 6월호

「우주의 미래」 D.A. 디커스 외, 닛케이日経사이언스, 1983년 5월 호

우주론 입문 —탄생에서 미래로—

초판 1쇄 인쇄 2016년 10월 20일
초판 1쇄 발행 2016년 10월 25일

저자 : 사토 가쓰히코
번역 : 김효진

펴낸이 : 이동섭
편집 : 이민규, 김진영
디자인 : 이은영, 이경진, 백승주
영업 · 마케팅 : 송정환, 안진우
e-BOOK : 홍인표, 이문영, 김효연
관리 : 이윤미

㈜에이케이커뮤니케이션즈
등록 1996년 7월 9일(제302-1996-00026호)
주소 : 04002 서울 마포구 동교로 17안길 28, 2층
TEL : 02-702-7963~5 FAX : 02-702-7988
http://www.amusementkorea.co.kr

ISBN 979-11-274-0261-7 04440
ISBN 979-11-7024-600-8 04080

UCHURON NYUMON
by Katsuhiko Sato
ⓒ2008 by Katsuhiko Sato
First published 2008 by Iwanami Shoten, Publishers, Tokyo.
This Korean edition published 2016
by AK Communications, Inc., Seoul
by arrangement with the proprietor c/o Iwanami Shoten, Publishers, Tokyo

이 도서의 국립중앙도서관 출판예정도서목록(CIP)은 서지정보유통지원시스템
홈페이지(http://seoji.nl.go.kr)와 국가자료공동목록시스템(http://www.nl.go.kr/kolisnet)에서
이용하실 수 있습니다. (CIP제어번호: CIP2016022755)

*잘못된 책은 구입한 곳에서 무료로 바꿔드립니다.